The Art of Selfishness
自私的真相

[美]大卫·西伯里/著 李佑宁/译

图书在版编目（CIP）数据

自私的真相 /（美）大卫·西伯里（David Seabury）著；李佑宁译 . — 北京：华夏出版社有限公司，2022.1
书名原文：The Art of Selfishness
ISBN 978-7-5222-0126-9

Ⅰ . ①自… Ⅱ . ①大… ②李… Ⅲ . ①人生哲学－通俗读物 Ⅳ . ① B821-49

中国版本图书馆 CIP 数据核字（2021）第 205447 号

自私的真相

作　　者	［美］大卫·西伯里
译　　者	李佑宁
责任编辑	赵　楠
出版发行	华夏出版社有限公司
经　　销	新华书店
印　　装	三河市少明印务有限公司
版　　次	2022 年 1 月北京第 1 版　2022 年 1 月北京第 1 次印刷
开　　本	710×1000　1/16
印　　张	18.5
字　　数	258 千字
定　　价	69.00 元

华夏出版社有限公司　地址：北京市东直门外香河园北里 4 号　邮编：100028
网址：www.hxph.com.cn　电话：（010）64663331（转）
若发现本版图书有印装质量问题，请与我社营销中心联系调换。

抛开内疚……享受人生！

当别人制造出所谓的"义务",甚至将此种义务强加于我们身上时,我们该怎么做?本书的目的,就是协助读者应对这样的情况。

我们该如何抵抗压力,或避免因他人对于"礼貌"及"责任感"的错误认知而受到剥削?

通过本书,我们将学到,当他人对于你的时间、精力与情绪提出不合理的要求时,我们该如何说"不",并让长久以来受到压抑的真实本性,得以舒展并获得满足。

阅读本书后,你将与上千名验证过此书效果的读者一样,对于人生面貌有一番新的体悟,并感受到前所未有的自由。

目 录

引言 时间的挑战 ———— 001

I 生活重量

1 生活的压力 ———— 003
2 自身问题的根源 ———— 009
3 永远不要委曲求全 ———— 014
4 失败者养成计划 ———— 017
5 爱与义务 ———— 021
6 何处才是通往快乐的道路 ———— 024
7 偷懒的艺术 ———— 028

II 面对挫折

8 成功之道 ———— 037
9 不要被自我满足蒙蔽 ———— 041
10 新的黄金定律 ———— 046
11 了解自己的想法 ———— 053
12 在死亡面前 ———— 058

III 不再内疚

13 如何拒绝要求 ———— 063

14 自我保护是对的吗？——— 071
15 生活的智慧 ——— 075
16 当牺牲只会带来伤害 ——— 080
17 愚昧的贪婪 ——— 083
18 掌控我们的敌人 ——— 087
19 控制狂的解药 ——— 090
20 改变那些令你厌恶的行为 ——— 095
21 更高尚的自私 ——— 102

IV 人际关系

22 终结孤单的方法 ——— 109
23 结婚对象的选择 ——— 113
24 吸引力的艺术 ——— 119
25 陷入危机的公司 ——— 124
26 光有爱是不够的 ——— 130
27 问题的衍生 ——— 133
28 谣言的应对 ——— 138
29 婚姻难题 ——— 142
30 借酒浇愁 ——— 147
31 性生活失调 ——— 151

V 人生低潮

32 如何避免自杀 ——— 161
33 心烦意乱 ——— 166
34 深入问题核心 ——— 171
35 为什么困难总是如此难熬 ——— 177
36 终结悲伤 ——— 183

37　离婚的秘密 —— 187

38　一幅画的两面 —— 193

VI　人生财富

39　吵架的新方法 —— 201

40　英年早逝是如何发生的 —— 208

41　健康的睡眠，健康的身心 —— 212

42　疾病与健康 —— 217

43　为钱所苦 —— 221

44　如何致富与享受财富 —— 225

VII　成功法则

45　带来成功的习惯 —— 231

46　接受失败 —— 237

47　如何应对危机 —— 243

48　轻松地活着 —— 253

49　新权利法案 —— 264

50　生命中的一席之地 —— 276

引言 / 时间的挑战

如若世上能有一种生活方式让人远离惊惶不安的纷扰，我们多数人绝对会趋之若鹜。神秘主义者或许会与你谈论死后另一个世界的回报，专家学者则或许会和你谈着充满拉丁文衍生物的术语和第四维度，然而，在每日生活中载浮载沉的我们，却希望有人能为着此刻眼前所遭遇到的苦难，提出最实时的解决办法。

我们离快乐到底有多近？我们离痛苦又有多远？这是个问题。忍受命运狂暴矢石的攻击或许较为高尚，但这并不符合我们真实的期待。而且说真的，这些足以夺走人命的武器在日常生活中也根本见不到了。

在人性之中应该有某些事物能如同机关枪一般，给予我们铜墙铁壁般的保护，让我们远离来自职场、家庭和街上汹涌不息的烦恼。我们已经被压迫得太久了。我们需要一种方法，让我们有机会能赢过这贪婪的世界。

这种办法存在吗？不存在，悲观主义者会这样告诉我们。容忍肩上的重担，道德至上者会向你高声疾呼。这个世界就是如此，久经世故者会这样对你说。

The Art of
SELFISHNESS

然而，我却怎么样也无法被这些说法说服，懂得如何分裂原子，或将同胞送上外层空间的我们，居然找不出一种能让自己活得更轻松的办法。

假使我们的社会形态能如同我们的物质建设那样经历剧烈的改变，所有的问题或许就能迎刃而解。然而现状却是：所有的科学与技术都活在当下，金钱与社会道德却停留在过去。在文化与政治上，我们早已与人类需求脱离了长达一千多年。我们无法继续活在此种头重脚轻的环境下。我们只能有两个选择：放弃所有的文明技术，或改善人类共识。

我很好奇，你是如何与自己的问题相处的？在与亲戚相处上，你的表现是否超越了前人？现在的孩子比以前更容易管教吗？你的工作是否比替猎物剥皮来得简单？

人们说我们因为文明的奢侈品而堕落成一个软弱的国家。对于此种看法，我深感怀疑。我并不认为我们是文明的。我们建造了结构方正的办公大楼与地铁，让野蛮人可以蜂拥着朝城市前进。我们创建了一套法律和一套伪善的道德观，要求我们假装成圣人，在我们并不想成为美德的奴隶时，要求我们如他一般，否定自己的一切需求。

倘若我们的野蛮是发自内在的，那么以天使般的行为来装饰表象、用翅膀来遮掩掠夺的本质，也不过是白费力气。唯有诚实和一套更符合当前社会制度的道德观，才能让我们走得更长、更远。

现今生活必须面临的极为严重的问题，就在于当我们试着去克服某些困境时，某些盲从的观点却用着过去几世纪来不断阻止人类进步的方式阻碍着我们。假使有个男人为了治愈痛风，决定用头着地、让人把自己的眼睛挖出来，你听了会做何感想？在此种方式广为流行的时代，是一个当你出现问题时，就必须追随既定社会风俗的脚步来解决问题的时代。

曾经有那么一段时期，人类会执行奇怪的宗教仪式，并生活在繁杂的禁忌阴影中。现在，"别人会怎么想？"已经成为神一般的存在，对我们造成同等的伤害。在某些说苍蝇具有神圣性的国家里，扑杀苍蝇是一种罪。而此种观念导致细菌被肆无忌惮地散播。疾病的肆虐，让那些发着高烧的孩子们，只能痛苦不堪地挣扎。在美国，许多问题之所以难以解决，也全肇因于相似的禁忌之畏。我们无法跟病菌和平共处，更无法接受侵略成性的至亲。多愁善感的情绪阻碍了道路。

在人类衍化上的下一步，就是抛弃那些被人们错误地称为"道德价值观"且往往还被神格化的愚行，并懂得拥抱自然的法则。在科技与科学领域上，人类已经做到了。我们不会天真地认为，在华尔街的底下会有一条冥河或地狱，正等着那些贪得无厌之辈。我们也不认为走到地球的边缘就会摔下去。

在物理领域上，我们已经放弃了迷信。但如果你将此种抛弃道德束缚的想法，和一个身处在黑暗时代（Dark Ages，一个揭开生命奥秘被视为一种罪孽的时代）且被恐惧所占据的人分享，你只会让对方瞠目结舌。他会以最悲伤的眼神看着你，并摇着头。

人类最卑劣的本能，或许就是此种傲慢的"以我为尊"的态度。此种态度杀死了无数个对此种愚劣提出挑战的先知。此种态度让我们更倾向于接受那些足以伤害数个世代的愚行。唯有自己的规则，才是对的。

这也曾经是人们面对科学事物所抱持的态度。就连如今的经济和法律，也未能摆脱。

只有当事实能凌驾于此种无知之上，问题才能获得解决。一日不摆脱过时的思想与作为，我们就不可能走得长远。无论是用一块木头来犁田或乘着木头横渡湍流，这些确实曾经是过去最有效的方法。奴隶制也曾有其值得嘉许之处。流通长达数世纪的近亲乱伦，或许在无意间拯救了人类。而对着一块木头神去膜拜，也或许比没有信仰来得好。

那么，我们应该因为一项习俗被留存下来，就选择继续相信吗？这是一个属于道德范畴的态度问题。

许多在各方面看来都符合理性思考者的人，却依旧否定着自我的权利,甚至显而易见而又错误地看待问题的本质。他们认为人性本恶,因而必须受到压抑。他们认为,所谓的厄运,是因为做错事而遭到惩罚,也是高高在上的天神对于难以教化的子民所施予的警告。

此种思源流派,本身就是一种不幸。横越沙漠以抵达肥沃的原野、披荆斩棘以开拓农田,都不是简单的事,但这些困难并不是因为有人意欲惩罚我们。人类所遇到的难题,在于该如何克服大自然那严苛的本质,以及人类本性中所具有的同等原始之力。挖掘并教化人的意识,才是走向成功、科学与艺术的办法。在胜利展开双翅前,其必然站立于地面。

在凶险的时间长河里,如果我们不能凭借着人类在掌握物质方面所展现出来的出色能力,去理解人类思维的症结,我们势必无法取得任何成就。要想重建并掌握人类所蕴藏的力量,我们必须怀抱那股使我们得以驾驭自然的同等企图心。唯有如此,人性才能免于自我毁灭。

这意味着我们必须精通并遵从两大原则,并将其应用在日常生活中。第一条法则,我称之为"存在基本法则"(Basic Law of Being),第二条法则为"人际关系的神奇公式"(Magic Formula of Human Relations)。我们不得不承认,生活最大的目标就是取得内心的满足以及与他人和平共存。

我们可以用一句话来解释"存在基本法则":永不妥协。无论处境如何、无论问题是多么严重,永远不要放弃自己人格的完整性。当你放弃时,只会换得更多的懊悔,最终还会伤害周遭所有人。

"神奇公式"也可以用一句话来解释:不要自我满足。绝对不要自满,更不要用那被张狂情绪所占据的思绪、膨胀的骄傲来对抗生命。唯有顺从自然,我们才能成为赢家。大自然的意志——而非我们的意志,是无所不能的。

这并不意味着臣服在缺陷之下,也不意味着应重拾古时候的价值观。这既是基于科学,也与科学一致。为了快乐,我们必须发现生命的本质以及运作的原理。持续探究可喂养主观意识的真理，就跟反射行为一样有存在的必要。力量是宇宙法则中的一环；在正确的时候，道德和自然现象能和平共存。

为了将此结论从猜测层面转移到具实测性质的日常试验中，我们先假设你正在思考一项重大的人生决策：上大学、选择职业、娶老婆或试着解决罢工问题。换作是在过去，你该如何解决这些难题？

如果我们将时间推回到中世纪，那么接受教育难道不是一件很反常且与现实没有太大关联的事吗？至于工作，你必须根据"家族模板"来决定职业：骑士、随从、工匠学徒或农奴。个人的能力或特质并没有纳入考虑。妻子？不过是个"累赘"。结婚的外在理由千百种——从家庭压力到私通。如果你出身贵族，你的婚事自有人安排；如果你是农民，婚事则是出于强制。在这件人生大事上，爱情无关轻重。没有人会安抚民众的情绪，或考虑他们的意愿。对于反抗者，冰冷的剑就是你的答案。

在某些地方，这些做法依旧存在。婚姻作为以物易物的交易、职业任由父母决定的情况，更未曾灭绝。即便是现在的大学，也弥漫着迷信的迂腐气息。但改变的力量就握在我们手里。我们所能目睹的最大改变正在发生。知识正在驱逐传统。人格特质成为职业是否适任的参考。爱也渐渐成为发生性行为与为人父母的动机。初露微光的社会正义、君主专制的舍弃，都正在发生。

难道我们不该在自己的人生中，迈出这神圣的一步，脱离无知的混沌，沐浴在大自然的光明之下？我们难道不该摆脱足以毁灭人生的偏狭成见，臣服在生态原则（即全然自然且透过科学框架所发现的生命法则）之下？每一个人都必须自己做出决定。

在战争与国际问题的背后，往往关乎着人能否活得健全：不受干扰、不受宰制、得以实践自我的权利。在这之内与其之上，则蕴藏了一个更为宏观的问题：无论何种阶级的人，都有在生活与工作上不受干扰、不受奴役的权利。我们正身处在此一重大议题的战场上。

在当前的危机下,无论是建构起人际关系的互助与合作,或"神奇公式"赋予我们的满足感,都同样备受考验。它们挑战了至今依旧掌控着贸易与传统的贪婪人性。生存的权利、爱的权利,这些都处在隆隆的炮火声中。

在我们的个人生活里,我们应当遵循新法还是旧法?我们应当继续被颓败旧俗所奴役,还是成为这个地球上懂得自重自爱的人?

对于追逐利益而导致的苦难与困境,我们是否该用互助来取代,在自己周围、与他人的互动及社会举措中,开创合作的艺术;还是保留那些至今仍旧主宰着我们命运的嫉妒与恐惧?这些都是挑战着你、我及此一纷扰乱世的问题。

THE ART OF SELFISHNESS

I

生活重量

1 生活的压力

> 在生活中，日复一日单调乏味的付出，足以吞噬一个人的心。
>
> ——狄佛夫妇的难题

你明白，当一个人必须面对大量的问题并受其压迫时，会有什么感受？尤其在经历了一整天无趣的例行公事后，他将对人生有一番最严苛的体悟。单调乏味的付出是一种足以吞噬人心的强大力量。

6月，一个潮湿而闷热的夏日。河流在墙壁的边缘，硬是被一分为二。暗红色、爬满裂痕而被烟雾熏黑的砖头，占据了霍尔·狄佛视线的一角。在他的左侧有映射着阳光的水流，而艳阳洒在远处的山丘上。右侧，阴郁而晦暗。

我的人生便是如此，霍尔寻思着，其中有超过半数是文明化所带来的乏味。在他的视线一角，还留着些许大自然的迹象——几棵树和一点点的蓝天，而其余之处，尽是千篇一律与钢筋水泥。

让他痛苦的地方，不在于日常事务的烦闷。无论工作是多么地枯燥乏味，他都可以忍。但永无止境的压力、背负着整家人生计的重担，则又是另外一回事。这么多年来，他总是以无比的耐心来面对，而这些耐心只让他的负担逐月加重。

如果奈莉（他的女儿）和妈妈吵架了，她会在前门等他，准备拉拢他这个足以用来对抗母系仇敌的盟友。如果杰克在学校遇到问题，身为父亲，霍尔就必须指导他。霍尔的弟弟开车来到办公室外头，抢着第一个接受他的帮助。尽管如此，他们的母亲却以另一种方式来看待自己的优先地位。霍尔曾经是她体内的一部分、是她的骨肉，所以他应该为她而活。

他将领带调紧，把椅子收进办公桌下。是时候该离开了，光盯着那片景致是无济于事的。今晚，他的家人必须得等他了，他还需要几个小时才能完成所有工作。他抓起自己的文件：几份广告，一份是关于专利药物的，另外还有沐浴皂及香烟客户的排版文件。他已经从事这些工作多年。

因为眼眶中所泛起的泪光而感到难为情的霍尔，脚步匆忙地走向电梯。打从他还是小男孩起，他的人生就陷入问题之中。无论他怎么努力，就是无法摆脱这紧绷的关系。他尽自己所能来帮助他人，但大家却总是不满足。于其他人而言，他就像是奴隶，从来不是对等的，更不是朋友般的存在。

在霍尔还是小男孩时，他就梦想着能成为一名画家，将无边无际的天空和静止的树放在画布上。他热情地忙着用自己的笔刷，将那令人惊叹的美景留下。他的脑袋里，总有另一个对等的动态思维流淌着。他视自己的画布为一个用于诱惑人们、使其远离枯燥乏味的日常生活的契机。

许多年过去了，当初那名对他微笑的女孩，和他迈入了礼堂。为了房租、锅碗瓢盆、食物、新帽子和每一个即将诞生的婴儿，他不得不成为商人，兜售着那残缺的画作。而他心中的那个画家，早已渐渐消失。压力让他不断拼着命，担心种种情况，并历经了早已数不清的人生矛盾与冲突。

他那曾经无比明确与清晰的思维，如今却变得隐晦而朦胧。有些时候他躺在床上，思绪总会忍不住地绕着那些他无法解决的问题打转。对于自我、对于事业和婚姻，他究竟扮演了什么样的角色？所有的一切都像是纠缠不清。然而，这一切还不是真正让他灵魂枯竭的原因。另一种更为阴沉、足以迫使人发狂的痛苦,让他的大脑陷入瘫痪。对于生命必须浪费在这些毫无意义的事情上,他由衷地感到愤怒。即便活到 80 岁,他仍旧必须背负着一模一样的重担。

尽管生活的爪牙从未只是锁定理想主义来进行摧毁,但社会在摧毁这方面,却总是不遗余力。此种垂死挣扎并不是只发生在男性身上,命运女神就连女人也不愿轻易放过——即便是那些有男性可作为自己经济依赖对象的女性。女人太清楚自己的烦恼是些什么。这些烦恼绝不仅限于依赖一名男性来获得安稳生活而已;在某些时刻里,亲密关系确实能带来一点额外的紧密感,但其余时候,要让彼此的心灵维持在同一步调上,必须付出极高的心力。这也是霍尔妻子所遇到的瓶颈。

除了要同时应付各种问题,梅格还需要化身成《威尼斯商人》中的夏洛克,以出神入化的技巧将每分钱都花在刀刃上,并做着堆积如山的家事,同时还不能疏忽自己的丈夫与孩子们。她所面临的问题就跟《我们在战争中》(*We Are At War: The Diaries of Five Ordinary People in Extraordinary Times*)中的那五个人一样,只不过身处在一个没那么混乱的世界中而已。

霍尔很少会想到,梅格所背负的重担或许比自己的还要沉重。难道不是他让她衣食无缺?她不正是婚姻之中那个可以待在家中受保护,还能随心所欲"打发时光"的人吗?

只有能同时和身处在此情况下的双方都进行沟通的人,才能真正了解情况。假使霍尔和你非常熟,熟到他想要跟你分享自己的事,那么你认为他会花时间来描述妻子因为种种压力所陷入的悲惨处境,还是只顾着谈论自己?又假设梅格是你的朋友,而她因为反复出现的情绪绝望,一次次地向你诉说她那永无止境的困难,在此情况下,你还能去猜想霍尔所经历的重重难题吗?他们讲的永远都是关于自己被误解的委屈。人们对他们的要求太多了,他们是多么地不自由,一点点桥牌、跳舞、电影,不过是这样而已。两人之间的沟通变得如此稀少。责任压着他们

The Art of SELFISHNESS

喘不过气。

认为自己沦为工作奴隶的霍尔，或许会跟你谈论自己的妻子是如何挥霍金钱、她的家人是如何势利眼，而她又是如何纵容孩子，且总是操控他的一举一动的。她就是不愿意让他独自一人，然而在某次争吵后，她又开始对他表现出冷漠和忽视。他很笃定她一定不爱自己了。这段婚姻就算继续下去，也没什么意义。

梅格则说着那数不尽的工作内容、生活的不便是如何困扰着她，以及她对这个街区真的是完全无法容忍了。她被徒劳无功的无助感包围。她对人、生活和宗教曾经抱持的信念，早已被消磨殆尽。

此种描述是否过于夸大？一点也不，你心知肚明。你完全可以将这套陈述套用到邻居、好友甚至是自己身上。这就是典型的美国生活，至少绝大多数人都是如此；这并不是多愁善感者所想象的，也不是漫不经心的观察者所理解的，而是那些触及事物核心者所发现的真相。

你问这一切的起因？**恐惧！**对于自私的恐惧。害怕展现或实践人性的本能。对于活出自己感到恐惧。于是只能让自己、让爱、让生活妥协。

愤世嫉俗主义提出了最迫切的质问。面对自己的怀疑，我们该如何处置？我们该如何避免徒劳无功：那啃噬着青春骨肉的颓朽？

倘若霍尔认为自己多数的辛勤劳苦都是"无用的"，那么梅格就会领悟到两人所做出的牺牲其实都是白费。霍尔的弟弟尽管得到了哥哥的各种帮助，却也没有因此适应得更好；夫妻两人的牺牲也没有因此影响奈莉，使其变得更坚强或脆弱。除此之外，尽管梅格长久以来必须承受着霍尔母亲因嫉妒而萌生的敌意，她却从未以具体行动来化解困境，只是一味地容忍。夫妻两人一直以来所依靠着的基石，已经化为乌有。

依循着受人推崇的生活模式却让生活陷入失败、为着虚伪的道德而陷入深不见底的绝望，这些就是蔓延在多数家庭间的不快乐。基于无私精神所必须承担的责任重担，正在摧毁这个世界。这让人们：

生活的压力

- 接受一个到头来自己根本无法接受的相对现实。
- 住在一个让自己感到不自在的地方。
- 从事一份有违自己本性的工作。
- 因为害怕伤害对方而和自己已经不爱的对象结婚。
- 容忍一段难以忍受的关系,只因为抽身显得过于冷酷无情。
- 承担那些会局限自身能力且阻碍未来发展的责任。
- 为了让他人能过上好日子而工作过度。
- 将那些事实上足以自我照顾的人当成自己应扛起的重担。
- 否定个人天赋的发展,只因为那些天赋看上去过于"不切实际"。
- 为了维系和平而放任亲密伴侣的纠缠不休或压迫。
- 做出有违个人意愿的事,只因为他人认为自己应该这么做。
- 为了依循惯常的传统而否认自己的渴望。

当我们因为臣服在恐惧之下而舍弃内心所向往的道路时,到头来往往只会换来更多的悔恨。对于本性所抱持的恐惧可谓恐惧之冠,盘踞在一切忧虑的最深处,更是世上最常见的错误。失败往往根源于此。因为它的存在,生活沦为一场可笑的徒劳。在其之上,只会衍生出绝望。

对于我们的幸福而言,世界上没有任何事物、利益或忧虑所带来的影响,能出其右。为了打破命运的囹圄,我们必须拿出勇气。但我们也还需去理解他人。此种崭新的解放,并不意味着打破一切秩序。这并不是鼓励人们释放内心的贪婪、色欲或放荡。我们也无意替这代人的疯狂正名。

至于当代年轻一辈身上所带有的显而易见的粗莽无礼,我也不打算做辩解:毫不在乎的自私,让他们肆无忌惮地踏过你家花园的鲜花,将你的车子开进水沟,嘲笑你的多愁善感,将你对上帝的信念视作笑话。

当代所盛行的自我主义,并不是基于更好的道德观所诞生的产物,而是源自管制手段的缺乏。年轻一代抵抗着来自年长一代逐渐凋零的价值观。这经常导致过分放纵、性生活糜烂或极端的冷漠。过于奔放的自大和过分具侵略性的反抗,并不是一种有益的自私——这只是一种荒唐。

● KEEP IN MIND

对于自私的恐惧,对于展现或实践人性本能的恐惧,对于活出自我的恐惧,只能让自己、让爱、让生活妥协。

② 自身问题的根源

> 总有一天,当我们在企图解决某个问题时,会发现无私的那部分正是阻碍我们的绊脚石。
>
> ——你所面临的世界

我们每一个人或多或少,在现实生活中,都被问题追着跑。

无论我们的财富或地位是高或低,疲惫感的萌生总是无可避免的。家庭与工作的琐事、贪得无厌的亲戚、调皮捣蛋的孩子等,都会使我们感到无力。没有人能摆脱这一切。

那么,这些困扰是可以避免的吗?生活难道不能轻松点吗?又或者这些麻烦正是生活中不可或缺的配角,或者该说是剧本的一部分?我想要这样做,你想要那样做。某些时候,我们的目标会相互抵触。我们不希望伤害到彼此的感情,但在抉择之时,欲望依旧压过了行动。正如同大自然中总是存在着难题,或许个体欲望就是会衍生出各种麻烦。

这么多年来,我总是反复提出一个关于此论点的问题。一名年轻的男孩在和父母一同旅行时,和父母分开了,并长达数天没有任何音讯。父母心焦如焚地找他。在好不容易找到人后,这名年轻男孩对于这场"失踪"所造成的麻烦,却没有做太多的解释。他的行为属于自私还是不自私?

"如果那是我的孩子,我一定会好好训斥他一番。"许多人这样告诉我。

The Art of SELFISHNESS

有时候，我会使用另外一个故事：一名未婚男性抛下一切，未留只言片语解释自己要去哪里，就离开了家。当他发现自己的母亲和家人到处找他时，他反而对他们的行为提出了疑问。他的行为自私吗？"谁是我的母亲，谁是我的弟兄？"是这名男子可能给出的答案。这名年轻男子开始被当时的统治者通缉。他们认为此人的行为具有反叛意图。逮捕行动导致了该名男子的死亡。而这名男子从未因为顾虑至爱亲朋而改变自己的行为。

人们总被教导应该要追寻耶稣基督的脚步，以他的行为作为自己的行为准则。道德领袖在信徒们面前总是凭着自己的理解，将把自我奉献给信仰视为一种义务。至今我尚未得知一个能将所有事物都纳入思虑范围的人。他们与家人的关系被忽视了。

总有一天，当我们在企图解决某个问题时，会发现无私的那部分正是阻碍我们的绊脚石，而此种无私正是这个时代所大力鼓吹的。我们应该视其为致使精神崩溃的洪水猛兽，察觉其对婚姻所带来的毁灭性影响。我们必须知道它是如何迫使人成为罪犯，又是如何让人走上自戕这条路的。就连最糟糕的贪婪与嫉妒，也无法造成这么严重的后果。

成功应对日常问题是一件极为困难的事——直到我们理解这背后的谜团，并且需要在面对问题之余睿智地引导自己。多数解决问题的办法并不存在于问题本身，而是在我们和该问题的关系中。

除此之外，我们必须将自己的思绪纳入考虑，我们必须凭借自己的身躯，找出一个好的结果。忽视我们自己的后果，只会带来徒劳无功的下场。除此之外，许多看上去显然相当无私的举动（当我们以宏观的角度来看时），也只会让那些做出牺牲者感到痛苦而已。

在抉择当下，善良或邪恶并不重要。唯有时间的长度，才能让我们看出一个决定是睿智的还是愚蠢的。而判断一个举动是聪明的还是愚笨的，则只能视该行为所导致的结果而定。

在实践层面上，你和他人的关系与自私或无私，是毫不相关的。它们只和生活有关。在我们了解此点后，就能明白自私与无私的美好和善良。

如果你不认为自己是不可或缺的存在，那么你也无法为自己所身处的世界带来贡献。你只会成为一个累赘。身为人类的第一要务，就是抱持着积极的自我保护意识。一旦缺乏此觉悟，生活将让我们沦为寄生虫般的存在。

每一样活着的事物，打从其出现于此世上的第一秒钟起，就开始寻求养分，并持之以恒地需求着。如同我们生理上对于食物的需求，情感与精神上也同样渴求营养。那些不试着寻求甚至断绝需求者，其获得此一特殊养分的权利将枯萎，而否定自身存在价值的他，只能沦为一个累赘。不掺杂任何一丝自利心态的无私，是非常不明智的，世上没有永恒的良善，尤其当我们自身实践良善的状态受到压抑或伤害时。**我们的义务就是面对自己。**

透过检验，我们可以得知，适当的道德架构与每一种宗教力量，都构筑在此一直截了当的原则之上。皮耶·贾内医生曾经说过，任何不爱自己的人，都非正常之人。因为这些人往往无法让自己成为有用的市民。而在这点上，并非只有人类如此。一棵卷心菜的价值，需要视其能否实践自身作为种子之时所许下的承诺而定。一头牛的价值，则需视自身的健康与成长状况而定。每种生物的能力，都是基于"自我"这一观点来出发的。

当"自我"否定成为生命体实践自我的阻碍时，我们可以说此种否定是对生命的阻碍，并因此成为一种恶。

即便舍弃最微小部分的原始权利，也会导致生命在某种程度上的崩坏。唯有当我们能实践自我并使自身发光发热之时，我们才能达成自己对于他人的义务。

这也是为什么贾内医生认为自爱（self-love）可以保护并促进个人特

质的成长。此种较高程度的自私与宗教敬畏是非常相似的,而厌恶自身则等同于怨恨造物主所创造出来的事物本质。谴责自我就跟谴责神是一样的。为了自我的本质而心怀感激,接受生命所给予的义务,是敬爱神明的最单纯形式。

在理解困境时,思考此一原则是必须的。此点为触及问题核心的关键,否则我们将难以逃脱过时的自我观点所带来的影响。人们并不知道,真正有益的无私并不是出于牺牲,而是在合乎法则下恰当地运用自我之力。

愿意遵守那些经科学证明的真理且反复验证法则的人是真正无私的。那些从社会上汲取超过自身付出的价值、凭借着那份他误以为属于自己的收入而活着的人,是贪婪的。如果一个人能持之以恒地依循大自然赋予他的本能而活、实践自身积极的可能,那么他就是做到了真正的无私。如果一个人拒绝克服自我放纵的态度、走向生命要他踏上的艰难道路,那么这样的自私是错误的。如果一个人出于自我主宰的态度而违背家人、朋友的意愿,此人依旧有可能是利他的。

许多年前,我决定为了稳固自己的事业漂洋过海。当时,我的母亲62岁。她的8名友人写信提醒我,这么多年来她含辛茹苦地养大我,并恳求我在她过世之前,不要离开。93岁那年,母亲过世了。寄给我那些信的朋友们,因为我的离开而指责我是一个自私的人。母亲因为内心的愿望被忽视而感到难过,但就在她过世的几个礼拜前,她对我说,我这一生为她做过最棒的事,就是在那个时候离开了她。

倘若我当时留下了,那么我的职业生涯就只能等到50岁之时再开始。而我内心将因此埋藏着深深的怨恨,这份恨意对我俩关系的伤害,绝对远大于我的缺席。而缺乏专业技能的我,也自然无法在经济与精神方面有所成就。

● KEEP IN MIND

多数解决问题的办法,并不存在于问题本身,而是存在于我们和该问题的关系中。你的义务就是面对自己。

3 永远不要委曲求全

> 不愿妥协，与妥协太多，两者之间你只能择一前进。
>
> ——面临事业危机，
> 却不被妻子支持的约翰

约翰·康斯塔伯陷入人生的绝境。在同一天里，他经历了两次激烈的谈话：其中一次的对象是他的雇主，另一次则发生在他与妻子之间。这两次谈话都极其悲惨地结束了。此刻的约翰正走在某个车站的月台上，准备上车。他并没有逃跑，更不打算抛下一切。他没有任何事情可以做。他或许有机会得到一份在中东的新工作。大学时代好友的父亲是一家企业的总裁，或许愿意雇用他。在听了艾丝儿的话后，他对于离开她已经感觉不到一丝悲伤了。在她的眼里，他就是一个失败者。

"你就是不愿意做别人期望你做的事。"她这样说道。

他真的无法做到，至少就目前的状况而言。制造史加纳和史奈尔（Scodnar and Snell）公司所需的配方，是绝对不行的。他担任该公司的化学工程师长达 12 年。他也曾经做过饱受质疑的行为：制造无法持久的物质，并协助公司累积庞大的财富。然而，此刻对方要求他调配的东西，本质上跟进行谋杀没两样。

"你总是拒绝照游戏规则来，"指控丈夫的艾丝儿，眼神闪烁着愤怒，"而下场就是我们只能在原地打转。过去 7 年中，你公司里有 5 名地位比你还低的职员爬到了你的上头。生意就是生意,你明知如此。而你在家里所展现的,也不过是同样的愚蠢跟自私而已。如果你不愿意跟其他男人一样,和我去贝斯菲尔德乡村俱乐部(Baysfield Country Club)跳舞、用餐和参加牌局,我们又怎么可能加入得了俱乐部。太可悲了。你那讨人厌的不一样,毁了所有事情。"

是的,这就是他的处境。他总是试着适应周围。他愿意出席,而且还跟妻子去了好几次。约翰苦涩地回想着他那几次是如何倾尽全力的,只为了让自己完美地符合贝斯菲尔德的社交规范。

在度过了两年昏天暗地的熬夜加班后,约翰·康斯塔伯这才重新站稳脚跟,并准备邀请太太和孩子过来和他同住。他总是定期将钱汇给她们。在新公司里,他的工作能力得到众人的认可,且发展得相当不错。事实上,在他刚跟这家公司接洽时,他不过是想将自己的发明卖给对方而已(因为史加纳和史奈尔认为该产品的制造成本过于高昂,拒绝采纳)。而新公司使用了他的发明,让他凭着专利获得了一笔丰厚的收入。

然而,并不是因为经济上的独立自主才使约翰在写信给妻子时改变了所使用的语气。如今的他已经脱胎换骨了。他甚至告诉她,根据他个人的观点,他期望日后的团聚能建立在一个过去他们从未享有的基础之上。

他写道:

我终于发现在工作和亲密关系上,导致事情**失败的主因**了。导火线就源自下面两大错误中的其中一项。一方要么是不愿意妥协,要么是妥协太多。任何一个想要成功的人,必须先自己决定该走哪一条路。两年前的我,失去了自己,只因为我不愿意为了得到自己想要的,而成为一个自私的人。我无法为了获得财富而成为冷酷无情的人。在多数时候,我以毫无热情的态度来向现实妥协。我从来就不敢做真的自己,或为了自己的利益挺身而出。如今,我选择了后者。我超越,也终于超越了妥协。我发现这家新公司是少数愿意真心包容并肯定真实自我的地方。除了想要借用我的智慧外,他们从来不会给我任何其他压力。在他们眼中，我的主要价值就是一名科学家，负责协助他们让自家产品变得更加有用。

我也认识了一群朋友，一群愿意接纳真实的我的朋友。如果你愿意站在这样的基础上，请带着孩子来找我，我真心期盼与你相聚。但如若你不愿接受，我尊重你。

艾丝儿决定去和丈夫团聚，希望在剥除虚伪的社会伪装后，能找到彼此间依旧残存的些许火花。她适应了那里的生活，那被遗忘许久的女性魅力又再次回到自己身上。

或迟或缓，我们都可能遇到约翰与艾丝儿所必须面临的抉择。我们所身处的文化背景，并没有要求我们照着他们的做法去做。而在解决此类问题上，某些被称之为成功的做法，就是要我们接受妥协或抛弃完整的自己。这些做法或许能在一段时间内，让我们克服他人的傲慢或不合理，用超人的精明来打败对方，并凭借计谋去战胜狡诈的世界。如果约翰继续待在史加纳和史奈尔公司，或许也可以赚到一大笔钱、赢得社会的认同，并发明那些可以用来欺骗大众的产品。他确实可以这么做——**如果他想成为那样的人。**

克服困难的关键点，与道德并无关系，而是关乎我们的人格特质和一致性。当我们找到自己的所爱之事，并决定以符合自身特质的方式来生活时，我们便能克服困难。但当我们以委曲求全的态度生活并行动时，挫折只会如影随形。

● Keep in mind

当我们以委曲求全的态度生活并行动时，挫折只会如影随形。

4 失败者养成计划

> 倘若我们做了任何违背自我的事，那必然会招致麻烦。
>
> ——妈宝彼得的领悟

许多年前，我和一名让我们姑且称之为彼得·科的男子，坐着交谈。落基山脉的山棱线在我们眼前向着远处曼延。蔚蓝色的晴空上飘浮着一丝丝的卷云。

"奇怪的是，"科打趣地说道，"我觉得自己像是被调教成了一名失败者。我认为自己的故事应该不算太奇特，除了我的结局还算不错外。"

"你是怎么样被教育成一名失败者的？"我问。

"被教养成一名懂得自我怀疑的人，甚至要去畏惧自我，"他这样回答，"一切就始于我的童年。我的父母很宠爱哥哥。他就是那种有着一头讨人喜欢的卷发，为了得到自己想要的东西会不顾一切的人。在各种情况下，我总是那个必须为他做出牺牲的人。每次都是伯希这个、伯希那个。我认为自己的义务就是去满足这些要求。当他去念大学的时候，我在家工作。当有女孩出现在我生命中时，我非常地害羞且犹豫不决。我坠入了爱河，但母亲并不喜欢海伦。而母亲说服了我，让我觉得跟她住在一起是我的义务。我父亲的状况不是太好，很快就去世了。

"几年之后，母亲改变了想法，她认为我应该结婚。她看中了自己最年长的朋友的女儿。一开始，我拒绝了。她的年纪非常适合，但我并

The Art of
SELFISHNESS

不爱她。母亲流着泪,试图说服我。'你们俩是如此相配,'她说,'这让我太开心了。'除此之外,艾格尼斯的母亲握着部分我父亲的生意,而当时我正在掌管那些生意,因此,如果我愿意跟对方结婚,我们就可以将更多钱留在家里了。最终,一如既往地,我让步了。因为不这么做的话,我会感觉自己太自私了。"

"但至少你的太太爱你吧,不是吗?"我问。

"爱我!她根本没有选择。她就跟我一样,只能任自己的母亲摆布。而且,我的老天,我恨死她了。"

"你的太太?"

"不是,是我的岳母。过去,岳母每天都对着艾格尼斯说,生下她让自己受了多少的苦。这明明是个谎言,她自己清楚。每个孩子都是男欢女爱下的产物,才不是什么令人作呕的高贵情怀。总而言之,可怜的孩子并没有发言的任何权力。在如我岳母这般虔诚的女性身上,可以找到一个非常可怕的特征。你知道我的意思。她们会抱持着一种自我否定的态度,认为自己什么事都办不到。

"贝丝太太总是不断地将自我牺牲挂在嘴边,但她自己才是彻头彻尾的自私鬼。她亲手摧毁了自己最大的孩子;她利用自己的占有欲摧残孩子的心志,直到其中一名孩子因为肺炎过世,剩下的孩子则变成几乎什么都不会的废人,就像是别人的应声虫。总而言之,她要求艾格尼斯为她牺牲,而艾格尼斯的做法,就是**让我**去做这件事。女人们统治了我的家。"

"命运三女神。"我嘟囔道。

"不对,先生。那是她们自己以为且试图变成的,但命运愚弄了她们。在人类的天性之中,带有某种反弹与抵抗的本能,而命运女神总在我们认为她很残忍的时候对我们释出善意。总而言之,我有一个我欣赏但不爱的太太,一个我崇敬但不喜欢的家,两个我尊敬但暗地里恨透了的母亲。我的工作是继承而来的,但我一点都不适合做那一行。而这一切都是基于'义务'而发生的。我的老天，这是一个多么邪恶的世界。**义务**！多数的义务都是对本该美丽事物的亵渎。"

我赞同道："这些根本不是义务，而是无知的迷信。"

"只要我们继续相信这些，它们就会继续发挥毁灭性的效果。但命运对我很好。我们家的生意在我不善管理的治理下终于倒闭了。这让我们一贫如洗。我因为肺结核而倒下，并几乎踏入鬼门关。一名远亲将自己位于科罗拉多州农庄里的农舍，借给了我，于是我去了——独自一人。我花了五年的时间，才逐渐康复。在这时间内，我的妻子和母亲们只能去工作。而她们也因此得到救赎：走入世界，认识新的朋友，其中还有两人恋爱了。"

"哪两个人？"我问。

"我太太跟我母亲。"他轻轻地笑了，"没错，先生，是我的太太和母亲。首先是艾格尼丝，我先是离开了三年，且康复的状况并不理想。她写信来，表示自己想要离婚。在收到这封信后，我的状况突然开始好转。来年，母亲也写了封信来，说她遇到了真命天子。令人惊讶的是，在此之后，我迅速地康复了。对我而言，我没有任何理由再回到那里，因此我决定让距离横亘在我们彼此之间。

"我这番故事的重点是这样的：倘若不是命运打断了我，让我因为自己的不适应而把家里的事业搞砸，又接着患上重病，我肯定会继续以为那就是我应尽的义务，并在那个打从一开始就是个错误的处境之下，动弹不得。那样的态度并没有为我带来任何一点好处，只带来了悲惨。而我们对于哥哥的溺爱，也只是毁了他。他和一群运动健将混在一起，开始酗酒，最后甚至嗑药。他从来就不需要压抑自己。看看在我和艾格尼丝结婚后，我们两个家庭的处境何等悲惨。是的，先生，倘若我们做了任何违背自我的事，那必然会招致麻烦。"

"那么过去的你该怎么做呢？"我又问。

"第一，在每一次父母试图让我成为哥哥的奴隶时，起身抵抗。第二，拒绝插手父亲的事业，因为我很讨厌。第三，远离家里并寻求我所需要的教育。现在，我成了一名商业设计师，如果当初我能接受艺术学校的教育，或许现在的表现还能更出色。第四，无论让母亲生多大的气，我都不应该和艾格尼丝结婚。第五，我应该娶海伦，那个我年少时为其深深着迷的女人。话说你何不来我们家里见见她？她现在是我的妻子了。"

我去了，抱持着想要见证一段幸福美满婚姻的心情；在一段极其漫长的旅途后，终于来到了幸福的终点。

● KEEP IN MIND

"被教养成一名懂得自我怀疑的人，而且甚至要畏惧自我。因为不这么做的话，我会感觉自己太自私。"——只要我们继续相信这些，它们就会继续发挥毁灭性的效果。

5　爱与义务

> 她脑中浮现了一幅景象,觉得自己变成了一个会行走、没有任何思想的巨型子宫。
>
> ——音乐家珍怀孕了,但她还没准备好

她怀孕了。这是毫无疑问的事。惴惴不安的恐惧笼罩了珍。感觉黑暗之中似乎有某个东西,正在逼近她。她可以感觉到那个东西的魔爪就要勒住她的喉咙。她不能呼吸,一股反胃的恶心冲了上来,她接着打了个冷战。她必须想办法让自己振作起来。

在整整一个小时里,她呆若木鸡地坐着,内心不断忧愁。史维菲(她的猫)跳了上来,大大地伸了个懒腰。雪花轻轻拍打着窗户。有人将暖炉关小了。她怀孕了——怀孕——她该怎么办?

她并不是不想要孩子。在她和汤姆结婚的头三年里,他们总是谈着这个话题。但眼前的问题是如此多,她的事业也会因此面临巨大的挑战。这可是最实际的问题。十二年的准备,十二年不辞劳苦地工作,而她的母亲肯定会要求她立刻放弃,唉,就是这样,跟过去一样。

如果是汤姆的工作,她才不会这样说呢!他应该要将至少三分之一的时间,投注在生命中更值得去做的事情上。汤姆——噢,汤姆必须继续工作。汤姆必须排除任何可能阻挡他成功的障碍。汤姆是个男人。

"你真的是一个很奇怪、很自私的女人。"她的母亲曾经这么说过,"在你明明都已经结婚且即将有小孩的时刻,却只想着继续唱歌。"

The Art of
SELFISHNESS

我真是如此吗？珍想着。内心深处有个声音向她保证：不是的。母亲的想法似乎有些让人厌恶。她脑中浮现了一幅景象，觉得自己变成了一个会行走、没有任何思想的巨型子宫。这个念头让她不寒而栗。这会导致什么样的后果？痛苦的她——细数自己所认识的女性，有多少人无私地踏上了跟她母亲同样的道路。

像是费里顿太太，大学时期的她是一个多么有趣又多么聪明的女孩。你根本无法想象她现在的处境，尿布、碗盘、口水巾——就是如此。玛贝尔·索特的情况则稍微好一点，但你总感觉好像有层绝望的假皮覆盖在她的躯壳之上，一种保留在人类身上的勇敢而又绝望的企图心，而隔着这层假皮，你仍旧感受得到现实的冲击。她可以跟你侃侃而谈政治局势，也能谈论最尖端的科学新知，但就是有某些事发生了。她不再是往日那个玛贝尔。

珍并没有认为每个女人都该有份事业，这不是她的论点。只是在她准备了这么多年，且就快要熬出头的时刻，她真的不想割舍这一切。放弃工作，举办一场风风光光的婚礼，然后让自己浸淫在使人麻木的日常家务中。这才是真正让她感到痛苦之处。这就像将一件礼物的美好之处全部给掏出来，并在上头堆满残酷的美德。在那些鼓吹着样板人生的布道者口中，他们遗忘了这件事最美好、最自然而不该受污染的地方。

此外，难道我们不能将生孩子与继续工作这两个选项同时进行吗？舒曼·海因克、路易丝·霍穆尔等，许多人都办到了。她——珍——并不算标新立异。门被打开了。汤姆冲了进来，满脸怒气。

"嗨，女孩，女孩，真高兴看到你。我快要迟到了，都是因为你父亲拉着我讲话，讲了一大堆。"他顿了下，不希望自己差点脱口而出的那非常适用于描述妻子家人的名词，会伤害到妻子的心，"那个男人要我尽快说服你放弃你的事业。他感觉超级排斥这个想法，不断讲着你应该尽的义务。你明白吗，他们的这种态度真的非常可怕。"

珍被如释重负的狂喜淹没。她从半个房间外冲进汤姆的怀抱。

"噢，汤姆，听到你这么说我真的太开心了。这不仅仅是关于音乐，尽管我确实不想放弃,毕竟我努力了这么久。重点是他们的态度太冷酷无情了,还总头头是道的样子。我真的不是自私。我不自私。"

"你当然没有,亲爱的。"他忍不住喊了起来,并轻轻拍着她,"我们可不是活在他们的时代,那个在他们口中爱和义务势必会起冲突的时代。那只是一只盲从的野兽。任何女性都有继续工作并保有自己事业的权利,就算只是在卖着廉价商品的商店里工作。"

"但就算她妥协了,也不代表她就是不好的,"珍抬头望着丈夫,"她并不是非得走出家庭,或做任何特殊的事才行。我所争取的,是一种态度。我要的是做我自己而不是成为传统一部分的权利。我不想要只是成为你的太太、孩子的母亲、家庭主妇或任何角色——除了当我自己。真正重要的不是事业,我确实可以放弃。但我无法放弃成为珍,而这正是他们要求我去做的。我现在看清楚了。我见到那些被所谓的义务淹没的女性究竟经历了什么。她们妥协了,放弃作为女性的吸引力,以不完整的样貌活着。我永远都不要成为那样,决不。"

汤姆抱紧了妻子。"我支持你,宝贝。我自己也想过了。女人常常消失在这些之后。那些男人所娶到的女孩消失了。他只剩下了人们所称的……"

"母亲,"珍脱口而出,"管家、一个空壳。就是这样。男人会离开一个空壳——我不能怪他们。"

● KEEP IN MIND

> 难道我们不能将生孩子与继续工作这两个选项,同时进行吗?许多人都办到了。任何女性都有继续工作并保有自己事业的权利。

6 / 何处才是通往快乐的道路

> 有时生活的困境在于，大家根本无意解决问题。他们只想照自己的意思来。
>
> ——赛瑟斯博士的无力感

赛瑟斯博士脸上挂着心满意足的兴奋，离开了自己的实验室。他在生化方面的研究大有进展，应该要不了多久，他就能制作出另一款可用于控制疾病的药了。

在他大步迈向冷冽而令人清醒的秋意中时，他回想着自己这一路上的种种。生活太美好了，他想道，看着一艘渡轮在哈德逊河上前进。人类面前的道路是何等光明灿烂。他已经可以预见人类对生命的奥秘将有更多的了解，克服一个又一个难关。此刻的他，只有对科学那近乎崇敬的兴奋。

一个小时后，赛瑟斯走进家门。争吵声传进了他的耳朵。他听到哥哥的声音，语气听上去非常坚决而严厉。接着传来伊莉莎阿姨那抱怨的声音。赛瑟斯博士没有继续听下去。他的妻子出现在走廊的末端，眼里满是愤怒，带着指责意味的双眼望向了他。

赛瑟斯让自己振作起来。他的灵魂从他那存放着梦想的圣殿之中抽离。他什么也没做，但凭着长久以来的经验，他知道自己在某种程度上，又要为楼上的争执负责。

"怎么了？"他开口问，试图摸清状况。

"卡尔打算娶那个卡洛威家的女人，"赛瑟斯太太语气刻薄地说。

"他为什么不可以？"这名父亲温和地反问，"他爱她啊。"

"而且他准备接下那份在南美洲的工作。"

"他为什么不应该？"这名博士又问了，"那份工作很适合他啊。"

"他打算让卡洛威家帮他付船票的费用。"

"为什么他们不应该帮他出？这笔钱对他们来说根本不算什么。"

"约翰·亨利，我真的要被你气死了。她比他大啊，而且还离过婚。卡尔现在在帮舅舅工作，所以他应该对舅舅负责。还有谈到接受别人家的钱——我真的不懂你。你让你的孩子变成了一个自私、狂妄傲慢的人，就因为你那些科学思维。"

"可能吧。"约翰·赛瑟斯嘟囔着，急着钻进自己的书房。

对于这样的情况，他又能有什么理由去改变太太呢？对于这样一个根本不打算以和平为前提的方式来过日子或解决自己娘家问题的人。**大家根本无意解决问题，他们只想照自己的意思来**。他们不觉得生命的法则应该要被遵守并努力探索，也不认为自己应该用近似于现代科学的方式去理解生命。

换句话说，工程师所遵循的秩序法则，也应该被应用在我们的私人生活上，正如同爱因斯坦、伟大的作曲家、出色的设计师或了不起的艺术家般，去拥抱它们。唯有这样去活，生命才能成为一场充满创造力的体验。即便是在处理那些最终不会获得善意回报的事情时，我们也不应当变得丑恶。

我认为，这个世界上的人可分为四种：冷酷无情的自我主义者，选择贪婪这条路；坚守道德的墨守成规者，以教条为依归；盲从的反叛者，不愿意因为任何规矩而妥协；还有奉科学为圭臬的人，努力依循着自然法则。

在面对生命的问题上，旧观点与新观点之间失去了交集。我们面前有两条路。那些向往"美好旧日时光"的人，选择追随戒律与传统的脚

The Art of
SELFISHNESS

步。而那些试图通过科学的方式寻求自然秩序者,则选择拥抱另一套价值观。

如果你询问一个严守教规的人该如何克服自己的困难,他的答案自然与其道德观相符。如果你咨商的对象是一名科学狂热者,他则会依据自己的观察告诉你一个结论,而后者的答案在前者眼中,往往是自私的。

妥协者认为,舍弃自己的人格并没有什么不对,正如同野蛮人也认为伤害自己的身体并没什么大不了的。但对于那些深信此种舍弃为错的人来说,**不妥协**是他们最基本的诚信原则。成为一名病态而**不健全的人**,是不可原谅的。

而此种在态度上的分裂,让过上好日子不仅只是一个关于智慧的问题,而是一个关于胆量的问题。你或许聪明到足以找到一个可行的解决之道。但你有那个勇气去实践吗?如果没有,那么你其实跟愚者没什么差别。

因此,对你而言,处理问题的方法并没有对错——直到你决定了自己的立场为止:你要严守社会上的刻板印象?还是遵循宇宙法则?因此,当我们在讨论该如何解决人生困境时,首先该做的第一步,就是去厘清各种做法的后果,并依此判定我们自身的立场到底为何。

信念本身就存在着力量。当你相信真理的力量是站在你这边时,你就像是拥有了10个人的力量。如果你对自己的决定抱持怀疑态度,即便是最伟大的智者,也会变得毫无用武之地,而这也是市面上大量关于人生的书籍中长期忽略的一点。这些作者贪图方便,给了你一些获得快乐的公式,而照着这些公式去做的你却感到无比痛苦,因为你的心灵和思绪完全不同步。即便是最棒的方法,只要违背了赛瑟斯太太的价值观,你便无法想象她会用哪些方法来解决自己在为人父母与婚姻上的问题。

正是基于这一原因,多数建议根本无法发挥效果,因其必须完全贴合听者的信念。信念是必要的。一旦缺乏信念,冲突就会从现实转移到心理层面。他的灵魂将被两股相反的力量拉扯，而他对这两种力量皆无法肯定。

倘若我在协助读者解决日常困扰上，有某些重要的观念想要传递给读者，那么第一点就是："不要接受任何建议，无论这个建议听上去是多么地理想，直到你能打从心底且在思想上完全接受它，并肯定此建议是好的为止。"

而第二条注意事项则是："不要只是因为一项规则的存在，就认为那些既存的人类行为准则一定是真理或完美的。它们也很有可能跟那些被当代所鄙斥的传统一样，毫无道理。"

● KEEP IN MIND

"过上好日子"已经不是一个关于智慧的问题，而是一个关于胆量的问题。你或许聪明到足以找到一个可行的解决之道。但你有那个勇气去实践吗？如果没有，那么你其实跟愚者没什么差别。

7 偷懒的艺术

> 如果你使用的方法不对，或许永远都不会得到适当的回报。
>
> ——如何更好地管理工作与生活

随着出租车快速地驶离车站，艾尔伍德·温特斯感伤地笑了。很快，他就会回到那个他付出多年努力的熟悉场景，并重拾那个他将所有青春都投注其中的工作。

新来的经理法恩斯沃斯，一脸惬意地坐在自己的办公室里，一边抽着烟一边沉思，他总是可以留给自己些许时间。然而同样的工作量，过去却总是让艾尔伍德从早忙到晚。

"你是怎么办到的？"艾尔伍德询问。

"我从来不去做那些可以找其他人替我做的事，我也从来不去碰那些我找不到好方法或工具来解决的任务。我们可是活在一个机械时代。我们不用划桨来横渡汪洋，更不会徒手挖出沟壑。我们应懂得使用工具，所以我制造出智能工具来替我工作。"

"你是用什么样的工具和方法来管理公司的？"温特斯一边好奇地追问，一边想起那些导致他失败的困境与挫败。

"总共有三个，"法恩斯沃斯露出微笑，"一种方法加两样工具。首先，我发现必须提升员工的士气。因此，我组织了一个升职委员会，并将升职的问题交到他们手中。接着，我引进了我们在学校都经历过的会议方法。你也去过学校,那里不是有一个负责掌管校园纪律的学生会吗?"

"对,没错。"

"就是这样,我将同样的方法搬到这里,而这个方法非常管用。他们的态度远比我还要严苛,但他们认同彼此的做法。然后,在商业发展上,我有一整个实验部门。该部门会关注公司的每一项业务。每名员工每个月都必须花一天时间在这里,他能在这里理解到与自身业务相关也与公司相关的大问题。只要他能提出解决办法,每个办法就可以为他赚到一笔奖金。他也能凭着自己想出来的发明,得到相应的报酬,方案、销售和广告也不例外。

"他们很喜欢这种研究所具备的创新精神,争相想要获得这个具有竞争性的机会。我们的销售得到了改善,还有源源不绝的好点子。这么做的最大好处,就是让员工理解我们公司到底在生产并销售些什么。现在,我几乎不太需要发号施令。他们自己能管好自己。事实上,与一开始相比,我决定减少出现在工厂的次数。崭新的观点就跟努力同等重要。而且说到底,总会有新的办法出现。不妨说说看,你还记得我在学校时候的样子吗?"

温特斯点点头。他认为还是不要提起这件事会比较好,毕竟在那个时候,法恩斯沃斯可是那个现在被他如此认同的学生会视为麻烦人物的存在。

"我知道你沉默的原因,"法恩斯沃斯笑了,"在那个年代,我自然是个大麻烦。不知道你还记不记得我们的英文老师,萨德伯里。他曾经是我在军事法庭上的辩护者。他拯救我免于被开除的行为,一直被我深深记在脑海里。

"我被指控的罪名都是真的,而面对那冷酷无情的法庭,我根本毫无胜算。那是一个非常舒适的春日,那种我们会跑去南边玩的好天气,我环顾着整个校园中的其他军校学生,心里思忖着要是父亲知道了这件事,等我回家了不知道要受到怎么样的惩罚。尽管如此,对于我的案子,萨德伯里看上去无比镇定,信心满满地说我应该继续待在学校里。'孩子,我们总能找出赢的方法,'他笑着对我说,'而我希望你继续待在这所学校。我还有很多事想要教你。'

"我确实留下来了。而他使用的方法真的非常简单。他完全不做任何辩解,所有人都为此感到震惊。我是自己行为的唯一目击者。所以他让我站上了证人席,要我承认每一项被指控的罪。我的案子完全没有涉及其他人,但我还是全招了。接着,萨德伯里起身。'各位先生们,站在你们眼前的,是一个坦白、正直且善良的光明磊落的表率。'他以最温和的语气说着,'我们的被告以正直的行为,证明了自己是一个纯真且诚实的美国男孩,只不过犯下在学校里极为常见的小胡闹而已。这所学校总是告诉大众我们愿意接受任何个性的孩子,并将这些男孩变成真正的男人。倘若庭上真的要将这个男孩逐出学校,那么我们势必欠他的家长一个道歉,更必须撤回我们对美国大众所许下的承诺。'

"在听了这番话后,他们自然无法将我赶出学校。萨德伯里不过就是照字面的意思去解释学校拿来吹捧自己的话,并用学校自己的话来作为我的辩护词。他们根本不敢将军事法庭上的记录寄给我父亲。我的父亲是律师,你知道的,他看一眼就能理解萨德伯里的逻辑。

"在此之后,我在学校学到了许多,但最重要的一件事就是,无论面对什么问题,总有合适的方法或工具能帮助你解决问题。"

在他乘车前往车站的路途上,温特斯回想起最近几个月待在疗养院的时光,以及这件事的代价。他想着在这期间他原本可以得到的薪水。而这一切都是因为他过分努力。有人认为任劳任怨的努力是不会得到回报的,而事实确实如此,因为他就是这样努力过来的。但这并不是事情的真貌。他现在明白了,问题出在他努力的**方式**错了。耗尽心血的劳动可以无止境地延续下去,而只要你使用的方法不对,或许永远都不会得到适当的回报。他学到了教训。面对新的工作,他打算以完全不同的方式去应对——感谢法恩斯沃斯。

在很长一段时间里，横越大陆是一段极其艰险的旅途。没有人能成功做到。但在科学的帮助下，人类克服了这一难题。利用满园的棉花制作衣服，也曾经是一件极其烦琐的工作，而这件事在人类发明了自动化机械后，变成一件再简单不过的事。

要想成功地解决问题，我们必须借用机械化的态度，并设法取得自身利益与社会需求之间的平衡，唯有如此，我们才能长久地克服人生难题。

我们努力的方向，应该是找出更好的方法。试图举起沃野上的一块大石头，只会让巨人的背拉伤。但利用铁锹撬松巨石底部的土壤，却一点都不困难。过去，在大地上挖掘洞口以获取水源或原油，是一件必须耗费数年才可得的大工程。现在，我们可以利用钻床，轻轻松松取得所需。

通过使用方法或工具，我们得以攻克大自然摆在人类眼前的障碍。就客观的角度而言，我们视此为最理所当然的事实。一旦将视线摆到私人问题或主观的担忧上，我们就忘了这一原则。我们不仅忘了去寻找相似的解决之道，甚至质疑起这些解决之道是否真的可得。正如同我们的先祖曾无比抗拒一切机械化、嘲笑那些认为"人生困境"是可以被克服的人一般，我们拒绝相信掌控情势的办法，其实就埋藏在我们看待它的态度中。

无论是你在爱情上的挫折、我的金钱焦虑或甚至食衣住行的困境，问题的内容并不重要。我们如何去面对这些问题，才是真正重要的。内心怀抱着种种不确定、为经验而感到困惑的人，就是我们；而试图理解困境并试着找出克服方法的人，也是我们。比起祷告自己能获得偿还债务的金钱，我们更应该恳求让自己获得足以提升个人财富创造力的远见。

头脑清明者，才会是财富的收获者。当我们的感觉受到束缚并导致心志不得不妥协时，眼前的权力、富足、地位，甚至是快乐，都不会是长久的。

没有方法且不懂得寻求方法的人、显而易见缺乏独立性与自主性的人，必须试着利用自身的经验与智慧，来赢得人生的富足。如果我们总是因为思绪上的偏颇而让机会付诸流水，那么即便我们疯狂地将一切心力投注在目标身上，也无法为自己带来任何财富。

人生的一部分，就是要想办法克服问题，且一而再、再而三地去征服那些阻碍我们的困境。当我们改变，命运也会为之改变。那些能让自己依循规则者，将以极其关键的方式，改变自己与人生的关系。他能赋予事件新的面貌。在我们做出这样的改变之前，我们往往喜欢将自己视作命运的受害者，因其总像不断在摧毁我们所付出的心血。

这也是为什么对聪明地活着这件事而言，**永远不要让自己妥协**这一信念至关重要。当你让自己受到压迫时，你的能力将因此受限，而你得以用来解决问题的动力也会因此受损。

面对困境，我们该怎么做？

在面对问题时我们将注意力集中在何处，将决定问题能多完美地被解决，以及我们是否会成为情势下的受害者。

你表现得如何？当工作过量时，你会抱怨还是试着减少过劳的情况？当不方便的情况出现时，你会停下来试着找出更好的办法，还是满心怨怼地忍耐这样的不便？当生活因为工作而受到压迫时，你会试着通过计划来解决，并找到更健康的工作方式以摆脱困境，还是让自己的内心被怒火填满？比起不断想着问题本身，试着找出自己该将注意力放在何处之上，更为重要。

对危险抱持恐惧心理是一条无止境的路，直到我们能找出保护自己的方法。

如果害怕传染病，我们就必须消灭细菌。

我们无法避免因他人的疏失而使自己受到损伤，我们能做的是控制自己和他人的关系。

如果人们不愿意让你独处，那是因为你没有学会该如何让他们这样做。不公平的事情将不断发生在你身上，直到你想出该如何征服它们。

一切的磨难都是为了激起我们的勇气，吸取教训，并迫使我们利用自己的智慧来面对生活的困境。我们将自己的专注力放在何处、能否以冷静的态度持续并谨慎地引导它，将决定我们所能获得的快乐。做到此点，**成功将开始与你同行。**

● KEEP IN MIND

无论面对什么问题，总有合适的方法或工具能帮助你解决问题。

THE ART OF SELFISHNESS

II

面对挫折

8　成功之道

> **帕梅拉认识到，只有她，能为自己赢得尊敬与成功。**
>
> ——永不妥协的帕梅拉

生活中最奇怪的一件事，就是人们不太追求效率。从人们总是关注如何成功的态度来看，你可能会以为我们对此很感兴趣。是的，我们确实感兴趣，只不过是在理论上。

帕梅拉·斯特德曼发现，自己的姐姐伯妮丝总能轻易地成为全家关注的焦点，无论在任何事情上都是如此。如果家里决定花点钱买些新衣服，第一个被想到的就是伯妮丝。如果孩子需要上声乐课，那么获得上课机会的也是伯妮丝。如果家里可以出钱安排一趟欧洲之旅，去的人也肯定是伯妮丝。

站在聚光灯下的，永远是伯妮丝。臣服在姐姐魅力之下的，并不只有父亲。就连母亲也会花数小时和姐姐一起购物；再用好几个礼拜的时间，为姐姐缝制、修改服装。

帕梅拉曾经偷偷地想过父母如此偏袒姐姐的原因。这件事最让人奇怪的地方，就在于所有人都将这个情况视为理所当然。最终，帕梅拉获得了启发。这份启发来自她所阅读的一本通俗小说，在该小说里，最终发现自己人生使命的女主人公，也有和她一模一样的遭遇。作者以极其优雅的文字，不仅描述了身为老二的帕梅拉是何等不幸，更生动地分析了姐姐所使用的方法。她在威胁利诱间，不断切换着。在那本小说中，居于主导地位的坏心眼者，会以甜言蜜语来感谢父母亲的好意，并因为他们的付出而讨好他们。对母亲而言，和姐姐购物的活动太有吸引力了，母亲能借由给予礼物的行为，感受到身为提供者所握有的权力。她永远都不会忘记自己是多么地伟大和善良。

而当她发现自己圆滑的手段无法得到想要的回报时，她会以歇斯底里的愤怒来取代机灵的讨好行为。"这跟国际局势的运作是何等相似啊，"作者如此评论，"总有层出不穷的秘密计划和'友好协议'，当一切诡计都行不通时，就以战争为要挟。"永远都有事情需要调整、永远都有事务需要决定，而讨好和发怒的策略显然极为有效。

自此之后，帕梅拉突然开窍了。她观察着姐姐的技巧。但身为一个有血有肉的孩子，她该怎么做呢？她无法这样对待父亲，因为她敬爱他。她也无法刻意奉承母亲，因为这么做就像是在践踏两人之间的感情。是的，这些聪明而狡猾的表面功夫，是她所不擅长的。但她知道，与伯妮丝相比，自己愿意做出的牺牲更多。

帕梅拉认真且耐心地思考了自己的问题。在这些问题之中，绝对有一个规律等着她去发现。在她终于找到后，她忍不住笑话过去那个吃尽苦头的自己，怎么会如此傻。她必须给予父母回报。为什么？你可能会这么问。人们——即便是深爱你的人，在没有获得回报的情况下，也是不会满足的。说穿了，我们骨子里都是自私的。她必须找到一件能获得父母亲信赖并展现出自己牺牲、奉献精神的事物，那件事物还必须如同伯妮丝的怒火般，明显且肯定地能够改变父母的态度。

而就在她发觉自己很想加入父亲的公司、分担父亲肩头的重担时，她突然找到了符合这两个需求的目标。"我要成为父亲的左右手。"她对自己说，"大家之所以尊重他，就是因为他是最称职的父亲。"

事后，帕梅拉忍不住笑了，自己居然如此轻松地赢得了这场仗。事情变成全都绕着帕梅拉转了。在她证明了自己那女性采购者的角色对公司格外重要后，她成为被安排旅行的那个人。母亲替她做这个，父亲替她做那个。她绝对不能被杂事累坏了，她必须穿得比其他人都体面，毕竟她需要跟客人谈生意。

帕梅拉为自己新获得的快乐、父母所给予的温暖关怀展现出无比欣喜的感激之情，这实在太容易了。在克服问题上，至少她找到了一个诀窍。

在帕梅拉结婚后，新的问题又出现了。几年过去了，她的先生渐渐变得很喜欢吹毛求疵。他也开始用这种态度来指责帕梅拉管教孩子的方式。不管她怎么做，先生就是不满意。为此，她总是闷闷不乐。最后她下定决心，找出等同于当初让自己赢得家庭地位的有效方法，来解决当前的困境。难道她的付出就真的如此无用？她想着。

为了找出事实的真相，帕梅拉采用了自己从商多年所获得的方法，来处理婚姻困境。她在日记中记录下每天发生的事，交代情况，并描述先生为此对她发的脾气。接着，再以看似无意而温和的态度，从每一件先生批评她不能胜任的事件中，抽离自己所扮演的角色。

"你来负责这件事吧，"她对先生说，"我想我真的做不好这些。"

当康拉德表现得也不尽理想（且常常还比她差）时，她会在那些记录着问题的页面上写下后续发展。很快，先生的不满爆发了。他不能为这些琐事烦心，他对她抱怨。他说自己不擅长这些事。

"我同意你所说的，康拉德你不适合做这些事。那你何不将这些事交给我呢？"

"我原本就是这样做的啊，是你后来要求我去做的。"他争辩道。

"是吗，亲爱的？你能不能看看这篇日记？这里有之前和最近的记录，不会花你太多时间的。"

这件事确实没花什么时间，因为康拉德很快就意识到情况是怎么回事了，尤其当他看着自己过去所发的牢骚时。

"我必须让你看这些，康。"帕梅拉温柔地解释，"人们之所以会失败，是因为他们不知道如何捍卫事实。"康没有答话，只是张开双臂紧紧环抱着妻子。

每个人的生活中都存在着这么一些转折点，一个小小的动作就能让我们的人生从此踏上康庄大道，或从此每况愈下。我们不断地重复这些动作，而这些动作无可避免地都会伴随着喜悦或痛苦。而坚信**永远不该让自己妥协**的帕梅拉，在面对那些最终有可能压垮自己的困境时，拥有拿出勇气和魄力去行动的能力。她没有让自己沦为那个许多女性在婚姻中不得不成为的残缺者。

● KEEP IN MIND

人们之所以会失败，是因为他们不知道如何捍卫事实。

9　不要被自我满足蒙蔽

> 没有任何一个自我，愿意臣服在他人的骄傲之下。你必须将当下的需求，放在最高位，同时坚持让你的伙伴也这么做。
>
> ——为什么何瑞斯总是失去工作和朋友

何瑞斯·海帝森再看了一遍这封信。在那彬彬有礼的文字间，明确而肯定地要求他提出辞呈。这对何瑞斯来说不是什么新鲜事儿了。他总会招惹许多麻烦，而这个情况也不限于他的教育事业。说他是一名出色的老师，没有人会反对。事实上，他确实极为出色，因此尽管他过去已经和不知道多少间学校的高层起过冲突，还是有大把学校排着队，争着要聘请他。

"即便是在朋友间，情况也好不到哪里去——你心知肚明，何瑞斯，"他的太太这么对他说，"你和艾斯伯里吵翻了，又惹怒了威瑟比他们一家。在你上次那样说话后，母亲现在也不愿意来找我们了。我已经厌倦批评和责怪了。你总是替自己犯的每一个错找借口，然后再将责任推到我身上。"

海伦说得对吗？何瑞斯想着。他觉得自己的行为都有道理，只是没有人愿意去理解罢了。他觉得自己的人生从求学时代开始，就很令人厌烦。他经历了一连串的争执，但他可是为了很好的理由而战！多数时候他都是对的，在听到自己离开后，那些他所提倡的想法被付诸实践时，他总是感到无比得意。而在与朋友和岳母的关系之中，他依旧是对的。他只是实事求是，将必须说的话说出来罢了。

事情真是这样吗？何瑞斯继续想着。如果别人用着和自己一样直率的语气说话，他能接受吗？对方的傲慢难道不会让他觉得自己受到侮辱？多数时候这个人在乎的不过是讲出自己的想法，而不是议题本身，不是吗？有些人能一辈子都摆着这样的姿态，他父亲就是如此。这么多年来，他总是对所有人尖酸刻薄，想说什么就说什么，总是照自己的方式去做。

何瑞斯郁闷地回想着老先生的粗暴，他是一个纪律严苛的人。然而，海伦现在就跟嫁给这样的男人没两样！但假设真是如此，那么她至少应该知道该抱着什么样的期待。因为老海帝森可从来没让其他人怀疑过自己的立场。

一个微弱的念头从这名年轻男子的脑中闪过。他的父亲始终如一地占据着支配的角色，他倾尽全部的力量，让自己成为一名有效的自我主义者。他的话语、他的想法，就是铁一般的法则。他认为世界就该如此运作。而他也用同样的态度去经营公司，底下的人因为恐惧而臣服。就算在家里，他的态度也是一样，没有任何一个孩子敢忤逆他。

在那个家里，没有所谓的夫妻争吵。海帝森太太完全顺从丈夫的意思。原来这就是维持婚姻的秘诀，何瑞斯想着。只要你让自己成为一个无往不利的暴君，你就能随心所欲，想说什么就说什么。他一直都是一个**不完整的人**，在他这一生中。

但除此之外，就没有了吗？在这位教育家的脑中，一些想法正在凝聚成形。他想起裴斯泰洛奇（Johann Pestalozzi）曾说过，告诉别人该怎么做，并不会让对方学到任何事；我们不应该宣称真理是怎么样的，而应该帮助对方去**发现**真理。而这也是他犯下的错误。如果他愿意为自己在乎的目标舍弃傲慢，并在冲突中放下自己的自大，就不会引发这么多不快乐了。

他回想着过去那些他表达了自己的想法却因此输掉的争执。是的，造成失败的并不是他的坦诚。他试着透过意志的力量，将想法传递出去，但成效不佳。难道他只能成为他人的附属品或智囊团，而对结果置身事外？还是他可以为着更远大的目标，放下自己的个性？没错，他必须这么做，毕竟他可不是彻头彻尾的暴君。想到这里，何瑞斯露出了微笑。

对我们每个人而言，事情就是如此。如果你不希望成为家中或公司中的暴君，如果你没有残忍到足以当一个称职的独裁者，也不希望成为别人的附属品，那么你就必须学会**不要追求自我满足**，让自己的傲慢臣服在对理智抉择与合作互助的热情探究下。在互助的行为中，埋藏着开启快乐的钥匙。权力能获得屈从，但爱才能赢。无论你面对的争执是多么地微小，在家里、办公室或社交场合中又是多么地常见，这都是不变的真理。

解开亲密关系中这一死结的办法并不难找，事实上还很容易理解并实践——只要你愿意去实践（这是一个极为重要的前提）。顺从在自然法则下，是我们的答案。那些将自我膨胀置于自我实践地位之上的人，不在乎人生的成功与否。

正如同**自我的基本法则**决定了我们日常行为的成功与否般，**神奇公式**能替我们拨开笼罩在人际关系上的迷雾。永远不要让情绪化的偶发事件影响了你的专注力，或因为神经质作祟而钻牛角尖。确保看待问题的客观性。不要将自己带入问题之中。不要对号入座，要做到对事不对人。将问题视为一个有趣的经验，并在每一场新的冒险中尽自己所能。

让我们假设，此刻的你正面临一个极为严重的问题。假设你也从雇主那里收到了一封毫无转圜余地的信。这件事让你气坏了。你很想告诉对方你对他这么做的看法。你觉得自己的下场是什么？就是丢了这份工作。

你希望丢了工作吗？或许不想。倘若你的目标是挽回这份工作，那么你必须先厘清状况。你必须设法在不激怒老板的情况下，保全这个工作机会。当你抱持着这样的期望去和老板沟通自己的想法时，你会避开愤怒的语气。

或者，你是一名女子，而你的丈夫离开了你。离婚已经势在必行，但你们还有一些家务事必须处理。尽管你在很久之前就觉得自己嫁错了人，但你还是希望背弃你的对方受到些许惩罚。你希望通过这场谈话，来达到哪些目的？你希望让对方感受到这一凄凉结局的痛苦，甚至觉得这是一段肮脏且丑恶的婚姻？如果这是你的希望，你会将自己的愤怒全部发泄出来。

但如果你想到了孩子和双方的家庭，如果你还想和这个曾经与你亲密无间的男子保持友好的关系，顾全彼此的颜面，你会避免犯下那令人退避三舍的"泼妇骂街"行为，选择表现出自己的得体。

不要追求自我满足的原则，适用于生活中的每个方面，尤其是在面对那些冷酷无情的处境时。假设你因为儿子的行为感到生气，那你希望对方做出什么改变？你应该用惩罚的手段让他与你为敌？用歇斯底里的咒骂失去他对你的尊敬？因为斥责、贬低他而使他暗地里恨你？或甚至使用高压强制的手段，导致他的行为变本加厉？还是，你可以利用充满关爱的理解与温柔的解释，来换得他更好的表现？

这并不是说我们必须因为情感上的妥协，放弃对儿子"良好"行为的要求，而是**为了目的去调整自己的手段**。

自私的其中一个好处，就在于其能保护我们远离奸诈的自我牺牲光环，同时避免自我牺牲对人际关系所带来的致命影响。在哲学家的眼中，没有什么比将无私视为一种义务更让人作呕的了，也没有什么比利用上帝来执行高压管制更令人倒胃口。过去善良的盎格鲁·撒克逊人曾认为，"恶臭"（stink）这个词不应该出现在有教养的社交场合中。活在我们那阉割文化下而毫无生气的人们认为这个字是粗俗的。然而，我们必须用这个词来描述那笼罩在自我感觉良好的无私奉献行为上的神圣氛围。在生活这门艺术中，最高等级的智能就是：只有当你确定别人是真心诚意地带着喜悦替你做这件事时，你才能让对方为你这么做。

许多人对于合作抱持着错误的态度。他们以为和别人一起做某件事时，就必须容忍对方的古怪个性。有些时候这些适应确实是必要的；但当容忍成为唯一的目的时，失败与愤怒将随之而来。**没有任何一个自我，愿意臣服在他人的骄傲之下，而这种模式也绝对不叫合作。**你必须将当下的需求置于最高位，同时坚持你的伙伴也这么做。

当一艘船沉没了、所有人必须齐心协力划着救生艇逃难时，暴风雨的急迫性与导航的技巧是我们需要考虑的。我们必须将当务之急置于一切之上。在和别人共舞时，我们要学着让身体去追随音乐的旋律与节奏。倘若所有人都能抱持着这样的态度，那么我们就不再需要强迫他人或让自己妥协。

● KEEP IN MIND

确保看待问题的客观性。不要把自己带入问题之中。不要对号入座，要做到对事不对人。

10 新的黄金定律

> 学会用他人所期待或你期待他人对你的方式,来对待别人。
>
> ——当你的孩子变坏了

贾斯伯·耶德逊合上了双眼,就像是想将某种令人痛苦的画面从脑海中删除般。他是一名枯瘦矮小的男子,紧张得双手不停地抠着椅子的衬垫。而他的声音之中,带着疲倦与绝望。

"法兰克一直是我的最爱,"最后,他终于吐出了这一句,"我所做的一切都是为了他。在我还是小男孩的时候,我没有什么机会,所以我决定把一切都给他。"

"你为他做了些什么?"我发问,尽管我很肯定自己会听到的答案。

耶德逊看上去,似乎不太能将我的问题听进去。"我成长在一个满是工厂的小镇上,在我6岁的时候,就必须去工作,兼职的那种。我有上过学校,但在我12岁那年,母亲需要我将全部时间都投注在工作上。这其实也没什么,我喜欢工作。只不过我也喜欢念书。过去,我会一直看书到深夜。这就是我那时候的生活方式——白天工作,晚上学习。"

"那你什么时候可以玩耍?"我刻意放低声音,希望能消除对方爆发性的心理反弹。

"玩耍!"我试图缓和气氛的努力失败了。"玩耍!"他重复着,"我不玩耍。"

"所以，你希望让法兰克能有这个机会？"我问道，就好像这个想法是如此显而易见。

"不是，"他喊道，"不是，我给了他那些我曾经错过的事物。在他3岁的时候，我替他找了一位保姆。她是一名非常棒的女性。在这边以北的地方长大，有一位非常优秀的父亲，而她教他阅读父亲写给她的信。"

"她是黄种人吗？"我提出了出人意料的问题。

"黄种人？"

"是的。消瘦且肤黄，有着皱纹，嘴唇很薄，灰白色的双眼，花白的头发，鼻梁看上去有些锐利，长而纤细的手，讲话用字精确？"

"你认识她？"他狐疑地问道。

"是的，"我回想着，"我认识她的时候她已经57岁了。她的文法和算术非常好。"

"非常出色。"他以热情的态度附和我。

"对纪律的想法也很不错？"

"这么说吧，她可以操练一支军队。"他的热情开始涌现。

"那你为什么放弃了她？"

"我没有。她成了我们的管家。我们住在一个舒适、人口稀少的地方。在法兰克四岁的时候，弗林特小姐开始念书给他听。我精心挑选了她所念的书。他拥有最棒的衣服：漂亮的白色领子，最可爱的小帽子。这些是她买的。她说自己从来没有机会拥有那些漂亮的、带着花边的小东西，因此能替法兰克打扮对她而言，是一件很快乐的事。在夏天，她会带着他去散步，有时候还会去城里逛博物馆。在他12岁的时候，我将他送去了军校。"

"那在夏天的时候，他会做些什么？"

"我要求他到工厂里，这样他就能学习纪律。对男孩来说，工作就是最棒的活动。但我不希望他跟我一样过得那么苦，因此我把他交给底下最棒的工头负责。无论是谁，麦肯托什都教得会，真的。"

The Art of
SELFISHNESS

"我明白了。所以你实践了黄金定律,让法兰克过着你想要过的生活。"

"我确实如此。"

"我相信,"我加重了自己同意的语气,"然后现在你告诉我,他开始学坏了。"

对方的表情变了。他眯起了眼睛。"他开始喝酒。跟一些下流的女子厮混,还跟格林尼治村的那些混混走在一起。不幸的是,我的伴侣汤普森,一直都很疼爱这个孩子,有时候还会给他一些零花钱。而他花钱如流水——夜生活、跳舞、看剧。"

"是的,他当然会如此,"我若有所思地响应,"但他不是个坏孩子。"

"不坏!你是怎么知道的?"

"在你写信给我的时候,你要求我见见他。"

"你见了?"

我点点头:"他和他的父亲非常不像。你为什么会期望他喜欢你喜欢的事物?"

"我遵循了黄金定律——"

"噢,是的,是的,"我打断了他,"那个最疯狂、可悲、可怕的定律,正如同无数人所理解的。这个定律的发明者,在人间创造了一个炼狱,并以此来证明自我的正当性。"

在我说话的同时,我递给他一本书:一本由老权威所撰写的书,里面描述了许多关于爱情闹剧的故事。

"为什么给我这个?"他困惑地翻着那本书。

"这本书完美地记录了许多艺术家。我猜你可能会想借。还有这本关于当代戏剧的。这是一本文学集,由作家协会挑选出来的最棒的作品。"

"我才没空读这些瞎扯淡的东西!"他咆哮道。

"都不合你意?我个人真的很喜欢这本书。我觉得你应该要读读。"

"说明白点,你到底想做什么?"

"试着让你明白你的孩子之所以会学坏,正是因为黄金定律。你让他经历的事，就跟你自己的遭遇一样。我用我自己曾经被对待的方式，将这些书借给你，但你讨厌我的行为。你的孩子也痛恨你替他做的一切。黄金定律是无耻的，就像是一条狗链——不，根本称不上狗链。"

"你居然这么说？"

"我当然会这么说。这只会让男孩与女孩成为动物，它迫害了如此多人。其真正产生的效果，比狗链还不如。狗链至少还有些用处；但在你的手中，黄金定律就像是一个冷酷无情的铁窗，一个用来支配他人的方便的借口，将你自己的意志强加在他人身上。世上没有什么比这更邪恶的事了。"

"那你会用什么方式来取代？"已经震惊到不知道该如何为自己辩解的他问道，"我该怎么样去对待我的孩子？"

"首先，你必须学会用他人所期待，或你期待他人对你的方式，来对待他。但光是这样还不够，不过这可以作为你的起点。"

"法兰克想要浪费自己的时间在小提琴上。"

"这就是他现在在做的，"我点点头，"在舞会上演奏小提琴维生。"

"呃——"耶德逊的声音因为犹豫而出现了停顿，如同演员世家芭莉摩家族成员为了强调语气而刻意增添的空白，但我决定忽视这样的弦外之音。

"你的孩子，耶德逊先生，是一位音乐家、艺术家、创作者。他的天赋来自母亲。他的思绪充满了想象力，是非常特别的人。他凭着本能就可以知道人们如何以及为什么这样做。他有极强的模仿能力，可以模仿他人的声音、面部表情与举止。你为他所做的一切事情基本上都是白费的，因为那些事物全都建立在你的个性而不是他的个性之上。你的本能让你成了一个能为着没有情感的日常生活而辛勤工作的人。但法兰克是一个敏感纤细，且情绪丰富的人。他的本能使他沉浸在情感与热情之中。

"在孩提时代，他需要机会来表达自己：大量的音乐与色彩，欣赏戏剧，阅读冒险故事，能一起玩耍的同伴。他的成长过程却缺乏这一

The Art of Selfishness

切。我已经将一位戏剧家——也是制作人,介绍给他。他去参加了试镜,并获得了一个小角色。他未来会成功的,靠着拍电影赚到比你还多的钱。"

耶德逊先生整个人僵在椅子上,看上去就像是海蛇将头伸出了海面般。此刻,我正在替那名男孩说话,平静地谴责这名父亲倾尽全力、企图依照"旧时候的黄金定律"去培育孩子的行为。趁着这个静默的空当,我继续说道:

"我和法兰克见了几次面。他已经戒掉酒精和不三不四的女人。他希望能成功,而此刻他也知道方法了。对于自己违背了你的意愿,他并没有任何愧疚。他不再需要通过荒唐的生活来证明自己可以独立。是你导致他出现这一切脱序行为,但此刻他深深为你感到难过,因此不想伤害你。"

"为我难过!"

"是的,他明白你所失去的、这些年来你所被剥夺的一切。他愿意协助你重拾那些你所失去的爱与温柔,你懂的;那些当两个人坐在火炉前,能真心理解并珍惜彼此罕见的相伴时刻。在亲密关系上,你从未有过这样美妙的时刻。他希望有一天,能给你这些。"

"我没有这个时间。"耶德逊先生声音沙哑。

"是的,你没有时间。你总是如此认真地工作,认真到回家时的你,只剩下一个筋疲力尽的空壳。我想,这世上或许没有任何一件事,比无私地疯狂工作来赚钱给家人,却也只剩下钱可以给家人,更为自私的了。"

在最后的分析疗程中,贾斯伯·耶德逊先生终于明白要是自己能早点了解身心健全的定律——**永远不要让自己妥协**,他就不会强将自己的意志,套在儿子身上。要是他能以同样的热情来拥抱**神奇公式**,不追求自我满足,他就不会将自己的想法作为假无私的基础,而这对父子也不需要以不健全的人格活着,被盲目的道德所约束了。

在从事心理医生的工作中,我曾经接触过上千名的个案。在我的经

新的黄金定律

验中,最可怕的道德罪行,莫过于出自严谨之人手中的黄金定律。

根据主宰着你自身生活的特殊需求来改变他人,认定对你而言是好事的标准也同样适用于他人,绝非一种善良。我曾经也有那么一个亲戚,在我年幼的时候企图对我这么做。她为每一种流行事物着迷,从诡异的饮食到荒诞的信仰。跟她在一起的时候,基于"为我好"的缘故,我必须受限于那个在修道院屋顶上吃着坚果的疯狂印度人。我本身也曾经是黄金定律的受害者。

但如果我们只是以别人希望我们怎么做,或处于同样处境的我们会怎么做,来作为自己对待他人的标准,那么这也不能算是真正的善。我曾经认识一名男子,他一心想死,却不敢自杀,只好央求自己的朋友杀了他。当然,如果他的朋友也经历了那名男子所经历的一切,肯定也会想要寻死的。不过后来,那名男子终于走出了伤痛,并为自己还活着的这件事,衷心感到快乐。他当初的欲望,不过是一时的情绪而已。

因此更深入地来看,新的黄金定律应为:"以生命、自然与宇宙法则对待你的方式,去对待他人。"尽你自己对此定律的最大理解能力,去实践它,并利用每一种可得的科学方法来加深自己对它的认识。如果你做不到这样,那么请至少改变那种试图改变他人本性的旧想法。根据当代的最新发现,死板地恪守无私行为(如同旧时人们所提倡的),在本质上是一种邪恶的行为。

如果你用自己被对待的方式来对待妻子,那么你不会认真地去思考身为异性的她有何不同,你会时不时地抵触她的个人偏好。倘若你是一名女子,并根据女性的价值观去约束丈夫,那么你忽略了他的男性需求和偏好。

在我还是孩子的时候,家里的女性让我留着长长的卷发,穿着上了浆白洋装、粉红色缎带、鲜艳的扣环皮鞋,还有那顶挂着丝绒缎带的精美草帽。当我翻越篱笆、跳到邮筒上、爬到屋顶上、追逐猫咪、

The Art of
SELFISHNESS

到沼泽里嬉闹、顶着那一头打结的卷发尖叫着跑过树丛时,大人会惩罚我。他们喜欢白色洋装、蕾丝领、漂亮的鞋子。我生活在黄金定律之下。

现在,我承认自己或许很难得到更明智的对待,就算他们自己也曾经是一名活蹦乱跳、自恃且叛逆的小男孩。我情愿自己看上去就像是萨摩亚的岛民,但我的行为举止看起来就像个来自斐济的小男孩。我永远都无法安安静静地坐着,并优雅地吃着自己的麦片粥。

但是,违背男孩的意愿,不愿让他赤身裸体、自然且强壮地活着,并选择以维多利亚时代女性的含蓄与饰品来约束他,难道不是更糟糕的吗?我认为在这两种方式中,男孩的方式(也就是我的方式)会较好些。而最好的办法,就是根据男孩的基本需求、根据宇宙法则、根据健康且精神健全的方式,来对待这名男孩。倘若他们能意识到我是一名15岁的男孩、希望能以对待男孩的方式被对待,那么他们至少能允许我更男性化些,无论是在服装还是在行为上。

● KEEP IN MIND

以生命、自然与宇宙法则对待你的方式,去对待他人。如果你做不到,请至少改变那种"试图改变他人本性"的旧想法。

11 / 了解自己的想法

> 在你开始诚实面对自己的个性后,你很快就会更加认识自己。你唯一的义务就是做自己。
>
> ——为什么你需要探索自我

"我该如何聪明地做到自私,倘若我连'自己'是什么都不知道?"人们问道,"我不知道自己是怎么样的。"

这个情况确实可能发生,但我怀疑这个说辞是否真站得住脚。我只需要指出一个他的缺点、一个他显然没有的缺点,就能让他着急地喊着:"噢,不,我不是这样的。"人们是知道自己的,只是他们没有意识到这点。试着运用经济法则来看待我们的人格特质。根据那些你非常肯定自己所拥有的特质,将自己拆解开来。着重关注这几个方面,坚持坦诚面对这些特质。在任何情况下,都不要妥协。在你开始诚实面对自己的个性后,你很快就会更加认识自己。

根据当代科学,我们是自身染色体的产物,来自先祖身上生殖细胞的微小分裂,传承着先祖血脉中的潜在性情。根据这样的知识脉络,我们是一个由特定天赋气质所建构而成的个体,而这份气质很大程度上决定了我们的本质。你或许拥有强壮且合作无间的内分泌腺体,这让你很健康;你或许拥有脆弱且不稳定的内分泌腺体,这导致你的健康和适应力都有些问题。你的心神或许是稳定的也或许是不稳定的。

这些并不是优点或缺点。你或许拥有健全或病恹恹的器官,聪敏或

The Art of SELFISHNESS

平庸的大脑，高或低的智商。你的能力或许让人刮目相看，也很可能不尽如人意。你的潜能或许非常惊人，也或许匮乏。这不是你的责任。就情绪来看，此点或许更明显。科学上所谓的原始倾向（换句话说，也就是你原生质的冲动、细胞的动力、受饥饿驱使的身体）可能是狂暴的，也可能是井然有序的；可能是澎湃强烈的，也可能是温和散漫的。你的本能可能受到压抑，或深受冲动驱使；你的愤怒、恐惧、性欲和猜忌……以及所伴随而来的一切感受和知觉，可能会带给你强烈的渴望，也可能只是在你心底勾起微微的涟漪。

这些全都是大自然的杰作，由我们体内那被称之为生态流或生命力的事物所引发出来。我们不需要因为命运对我们的所作所为而被责难。任何教导我们必须为此负责、因为我们生而邪恶的言论，都是最恶意的谎言。

除此之外，唯有当我们能摆脱因为做自己而产生的愧疚感，我们才能成功地面对命运，理智地处理问题。你必须将注意力从自己身上移开，并将其集中到解决问题上。造成失败的最大原因，就在于自我怀疑、自责、自我意识过剩（self-consciousness）；而第二大原因，就是因为别人的要求或外在环境所需，你试图成为一个不符合自我，且永远无法符合的人。

你无法得到另一套神经系统，也无法换到别人的健康身体或大脑。你无法掠夺别人的能力，或创造出别人那样的力量。但同样，你也不会被他人奇怪的欲望所限制。你不会受同样的性欲驱使，也不会被同样的愤怒吞噬。

面对问题的办法，就是停止扭曲自己的人格，并释放你潜在的能力。拯救之道就埋藏在拒绝外在需求、挖掘并表达内在的行为里。你不能强求一只牧牛犬去猎捕野兽，也不能要求一只猎狼犬去牧牛。要能让一个人或一只狗成功地达成自己的使命，察觉此种与生俱来的本能是非常必要的。你该怎么做才对，这不是靠别人来告诉你的，而是由我们这个生命体自己决定的。

如果长久以来你总能让自己过得井井有条，那么这样就够了。我们不需要虚假的自我强迫，我们唯一的义务就是做自己。工作的状况、婚姻的要求、家庭的需求、社会的习俗规范，或许会强迫我们接受某些事物。然而，这些都只是假象。**它们并不是义务，只是你这样以为**。你不需要像蜂鸟为了饥饿的幼鸟而不断地捕鱼般，被义务追着跑。

在你放弃成为那个并不符合自身本性的人、做自己做不到的事情后，你的表现会远比现在还好。放松是不可或缺的，也是精神指导的根本。一个神经质、全身紧绷的完美主义者，往往会因为自己达不到完美而充满羞愧、神色慌张、讲话含糊不清，并将自己本可以完成的事弃之不顾。

总体来说，我们的体魄决定了我们是哪一种类型的人，我们的动作是敏捷还是缓慢、规律或不规律。而我们的心智则被介于物质层面与灵魂层面之间的生活所形塑。我们优雅与否由我们的染色体决定，而我们是否能为人类做出贡献，则应该是生物学范畴的探究。

人们经常问我："怎么样才能解决以自我为中心的态度？"答案非常简单：**知识**。知道你之所以是你的一切功劳应归属于生命和先祖；知道自己是一个反射性的存在、一个类似于镜子的生命，只有在生命闪耀时才能进行反射；知道骄傲是无知与愚昧的证据。

对某些人而言，在"**永远不要让自己妥协**"和"**不要追求自我满足**"两个原则之间，存在着某种程度上的矛盾。他们不明白为什么一个人可以在保有个性之余，又能和其他人和平共处。他们认为，保有自己的人格是一种自负，这是因为他们见到太多由幼稚的自我主义所佯装而成的人格。

事实上，有许多人武断地认为，一个人的行为举止代表了一个人的力量。他们畏惧展现好脾气或温柔，只因为他们认为这样会让他人觉得自己是顺从的。但这是大错特错的想法。好战的态度只会树立敌人。膨胀的自我意识和命令的语气只会招致反抗。这些特质只会突显你是一个脆弱、胆小到不敢展现温柔与慷慨的人。

尽管如此，好脾气并不是一种人格特质。这是一门艺术，一种需要练习的技艺。请你观察长久愉悦能带来什么样的效果。当然，这绝对不

The Art of
SELFISHNESS

是指职业说客脸上所挂着的优雅笑容,也不是指为着多愁善感的美德所露出来的伪宗教者的微笑。神能保护我们远离此种虚伪的真诚,但你也不需要在听到某些傻子的言论后,还试图努力维持笑容。

尽管多数人都不相信,但我们的行为以及我们对此行为的想法,事实上与其他人是否感到自在,没有多大的关系。我们以成千上万种迂回的方式,在表达自己真实的感受:眼神的接触、语调的变化、手部的接触等。主要动机影响着我们不要说什么、不要做什么,以及我们的一举一动。

倘若你心中被恨意和嫉妒填满,那么即便是最棒的礼仪指南,也无法让你成为一个好相处的人。对人类社会而言,我们之所以能处之泰然,是因为我们对于那行迹古怪的生物,亦即人类,带有一定的爱与关心。

成功做自己的诀窍,就是设法在关于自我的基本原则与关于亲密关系的神奇公式间,取得健康的平衡。坚定地面对自己,拒绝在自我原则上让步,同时不要将这样的自己强加在他人身上。不能为了自我满足而去勉强任何自由意志,或抵触互助的精神。

如果你希望能保有朋友和自己的位置,那么永远不要独自居功。在你成功的时刻,将此份认可和所有周遭的人一起分享。将你获得的功劳(credit)转变成一份人情(debit)。你或许就像是金字塔顶端上的一颗巨石,让人们能攀扶着你继续向上;但正是因为有别颗石头甘愿做你的根基,我们才能被放到如今这个高度上。

我们的所作所为,并不总能得到同等的回报。事实上,不管我们有多么聪明,只要在情感上有所缺陷,我们甚至不会得到任何回报。人们还情愿你平凡一点,因为这样才不会显得他们是如此无趣。

而此种方法在生活中之所以能成功,还有第二个原因:尽管人们不希望你太突出,但他们又希望你要和自己不同,或至少不要是他人的应声虫。当你如法炮制了他人的成功时,只会让别人觉得自己没那么了不起。但如果你失去了在人群之中的光环,则会让别人觉得你是一个无趣的同伴。因此,拥有两个或三个独特的个性,更能让我们交到朋友。

如果有一个人总是试着做每件事，无论你走到哪里，都会发现他抢先做了你本来想做的事，将你原本想说的话说了出来，那你肯定不会喜欢这个人。

只有在专注的状态下，我们才能成功。有那么几件事，是我们能一展长才的。利用这些事来获得聚光灯，将你的注意力放在那些你所擅长的事情之上。而其余的讨论与活动则留给其他做得更好的同侪们。那些知道自己能力极限且不会不懂装懂的人，才能在自己所擅长的事物上，获得其他人的认同。

总体来说，这件事主要取决于我们是否能让自己变得有趣。简单来说：

懂得微笑，而不是傻笑；

懂得开玩笑，而不是招人厌；

懂得开怀大笑，并注意笑容；

懂得说一个好故事——且不要重复；

懂得在说话的同时，聆听他人；

懂得辛勤工作，也懂得偷懒；

懂得实践自己所言；

懂得在获得的同时，也要付出；

当你能贯彻始终地抓住自己的极限，你就能获得邀约。

● KEEP IN MIND

当你放弃成为那个并不符合自己本性的人、放弃做自己做不到的事情后，你的表现会远比现在还好。

12 在死亡面前

> **在死亡的面前，我们长久以来所奋斗的事物与地位，都变得一文不值。**
>
> ——艾瑞克的生死智慧课

你是否曾经面对过死亡：直直地与其对视？你是否亲身体验过死亡不断逼近的恐惧？你是否曾感受过那种当你畏惧着死亡时，突然发现自己的人生和一切付出都变得如此陌生？在死亡的面前，我们长久以来所奋斗的事物与地位，都变得一文不值。

山普森医生才离开不过一个小时。艾瑞克·杰格森盯着火炉，一动也不动地坐着。夜已非常深了，但他没有去睡觉。他一想到这点，就忍不住更烦恼了。他躺在床上盯着天花板，睁着双眼，一身疲倦，试着去解决看似没有答案的问题。这么做有何用？还不如享受着火炉的舒适与温暖，至少这能带给他短暂的慰藉。

你明白他此刻的感受，你也曾听着时间滴滴答答地流逝，在午夜时分，辗转难眠。对于他因为——让我们姑且称为人生危机，所犯下的错，你也完全能感同身受。

医生检查了他的心脏："你必须避免过劳。如果你不找时间休息，很有可能会猝死的。花点时间好好休息或出去玩吧。"

是的，艾瑞克想着，在物价不断飞涨、税金不断提高、家庭压力不断加大，甚至连远亲都来质问他"让亲戚依靠国家救济而活就不怕别人说闲话吗？"的时刻，找时间去玩一玩，还有休息?!艾瑞克起身，拨弄着炉火。

  他又何苦要生气呢，他苦笑。事情一向如此，就连他还只是个孩子的时候，状况也没什么不同。他郁闷地想着自己必须达成的任务，和所有其他事情。他是一个非常能干的人。

  你是否曾经试着成为一个家庭的依靠？如果你懂得安装玻璃、修屋顶、拔草、洗碗、包扎伤口、调整化油器、治疗生病的狗、照顾婴儿使其不受伤，那么无论你是一个男孩还是男人，你每天都会为了那一千零一件事情而忙到不可开交。你还会因为朋友或邻居在财务上的缺失或无能，而必须一肩扛起他们的责任。

  让所有亲朋好友依赖着自己家，并不是一件很难的事。我自己曾经做过，所以我很清楚。当你见到其他人面临困境时，你只需要说"让我来吧"，对方一定会毫不犹豫地让给你。艾瑞克一直是这样的人，直到他心中所有的热情都被无私的精神给燃烧殆尽后。

  他该怎么做？继续做下去直到死亡找上门？这样做符合他过去一贯的作风。他应该在现在就剥夺孩子去上学的权利，还是等到他们来参加他的丧礼为止？

  美国的医疗记录告诉我们，有成千上万名商人面临着同样的困境，且未能解决问题——但我需要你告诉我答案。这是因为他们总是如此心系他人，还是因为他们害怕其他人或家人会说闲话？我们周遭有越来越多的人因着这些情况，而赔上一生。死于心脏衰竭的数据证明了这件事。事出必有因。是因为"尽自己本分"的自尊心作祟，抑或只是害怕看清致使自己如今深陷危机的长久做法其实是错的？

  在多数情况下，承担重担的人一旦崩溃，就会有堆积如山的问题接踵而来。在面对问题时，最重要的是我们的态度，而不是问题本身的性质。有些人情愿继续错下去。他们不愿意鼓起勇气中断这一切，选择继续燃烧生命，直至殆尽，留给后人更大的悲痛。其余的人则认为更谨慎地去面对问题，才是较无私的做法。

在克服问题者与被问题克服者的差异中，存在着一个极为重要的关键。**除了直截了当的自私外，没有其他更合理的解决之道。**

我们之所以会提出这个观点，是因为统计数字告诉我们，在此种看似微不足道的差异之外，还存有一个极为显著的导因：被困难打倒的人，往往缺乏找出方法克服困难的勇气。那些得以超越自身困境者，不仅信任自身的判断力，更能无畏地将其付诸实践，即便被他人批判也不为所动。

自私之所以是生命的一大议题，正是因为就我们当前所必须处理的问题而言，自私扮演了极为重要的角色。当你拒绝尽那些让自己不舒服的义务、放弃让你筋疲力尽的责任或离开你并不爱的人而责备你，也没有人责备你时你一定会毫不犹豫地立刻去做。我们之所以迟疑着不敢释放体内的自由意志、依照自己的直觉去做，仅仅是因为我们不想面对社会的责难或受制式化的良心苛责而已。

因此，克服外在是一件极为重要的事，需要审视我们所经历的困境，并找出对我们而言哪些才是"对"的且值得去做的事。如果我们能学会将"不要妥协"和"不要追求自我满足"的两个概念融会贯通，那么无论眼前的困境为何，我们都能安然度过，心脏衰竭与不健全的生活态度也将被迅速消灭。

● KEEP IN MIND

被困难打倒的人，往往缺乏找出方法克服困难的勇气。那些超越自身困境的人，不仅信任自己的判断力，更能无畏地付诸实践，即便被他人批判也不为所动。

THE ART OF SELFISHNESS

III 不再内疚

13 / 如何拒绝要求

> 我们不喜欢点出哪些人使我们痛苦,因为这么做,会让我们觉得自己像是背叛了对方。
>
> ——善尽亲人照顾"义务"的罗曼牧师

人际关系的小小交互作用。

角色:
罗斯·罗曼,牧师
艾丽斯·罗曼,他的太太
艾比·罗曼,他的姐姐
佛罗伦萨·罗曼,他的女儿

第一幕在卧室展开。罗斯念着一封信,并透过眼镜看着太太。

罗斯: 迪克希望我再寄给他 200 美元。他说如果我这么做,就能帮助他撑到店的营运走上轨道。

艾丽斯: 他第一次跟你借钱的时候,也是这么说的。

罗斯: 我知道,但他说得相当合情合理。

艾丽斯: 别忘了五年前他开始弄这个鸡肉生意的时候,当时他说的话也很合情合理。他说自己会赚一大笔钱,然后跟你一起分享。

罗斯： 可是艾丽斯……

艾丽斯： 不要再跟我说"可是"。我已经厌倦了这些"可是"。每次我想在自己家里做点什么，艾比就跟我说一大堆"可是"。当我跟你说我想添购那些能让我们过得更舒服的东西时，你也跟我说"可是"。你以为我做牛做马、省吃俭用，就是为了让你将钱寄给你们家中那些身无分文的穷光蛋吗？我再也不想这样子了。以后我想花多少钱，就花多少。

罗斯： 可是艾丽斯……

艾丽斯： 不要再跟我"可是"，我说过了。

罗斯： 可是艾丽斯……我想要解释。我……

门被用力地甩上，罗斯开始沉思。是否有任何合理的原因，让他应该答应迪克继续从自己这里挖钱？当然，他们是表亲，但难道血亲就意味着可以永无止境地予取予求吗？艾比的情况就又不一样了。她是自己的手足，还是一名女性。但这会让情况有所不同吗？她是一名受过训练的速记员，且具备工作的能力。然而她认为担任那些她所谓的"低贱职务"，有损她个人自尊。那些工作真有那么糟吗？当然，她的生活开销其实也不大，而且也不怎么让人讨厌——至少对罗斯来说。他……

门被打开了，他的女儿佛罗伦萨闯了进来，哭着说：艾比姑姑不准我练习，爸爸。她说她头痛，没办法继续忍受了。这个礼拜的每一天，她都有借口说自己不舒服。但如果我不练习，我根本不可能进步。

罗斯： 可是佛罗伦萨……

佛罗伦萨： 噢，我知道你要说什么。我应该要更有耐心。我已经等了三年了，自从她来到这里后，我一点自由都没有。

罗斯： 可是佛罗伦萨，你应该……

佛罗伦萨： 没错，但我不要。你一直要我多考虑她，而我已经受不了了。

罗斯：可是你应该要关爱……

佛罗伦萨：不，我不应该；尤其不应该在你逼我接受她的时候。我恨她。

一直到此刻，罗斯·罗曼才发现自己的太太就站在走廊上，而他的姐姐就缩在走廊后方、离艾丽斯不过几英尺的距离外。她们俩肯定都听到佛罗伦萨说的话了。

罗斯：是你准许你的女儿这样和她的姑姑说话的吗，艾丽斯？

艾丽斯：没错，是我。而且我以她为荣。我真希望自己也能像她一样勇敢。不过现在我有了。你可以让艾比离开——在这周之内，或是让我和佛罗伦萨走。我可以跟你保证，如果我们走了，就绝对不会再回来。

罗斯：可是艾丽斯——我还有教区内的信徒。他们会怎么想我？

走廊中的身影向前站了站。

艾比：所以这就是你对我的想法，罗斯？我待在这里，是为了拯救你的声誉！很好，我走，我现在就走。

第二幕在卧室里展开。罗斯正在看一封信。他透过自己的镜片端详着太太。

罗斯：我收到一封来自艾比的信。

艾丽斯：然后呢？

在她提高的音调里埋藏着她最大程度的冷漠。

罗斯：她要我表达对你的爱。

艾丽斯：然后呢？

罗斯：还有她的感激之情。

艾丽斯（尖锐地）：为什么？

罗斯：因为你让她下定了决心离开这里，自寻生路，而她因此结婚了。

艾丽斯：真的吗？

罗斯：是的，而且她说要是她当初继续待在这里，这些事就不可能发生。她现在开始理解你对于无私的想法了。她觉得我当初让她待在这里那么久，是非常自私的行为。

艾丽斯：你是啊。这不是基于你对艾比的爱，你只是怕无法面对信徒。

罗丝：你还是这样想的吗？

艾丽斯：难道不是吗？坦白说吧，亲爱的，你不是这样想的吗？而让艾比离开确实是更好的做法吧？

罗斯（慢吞吞地）：是的，我想是的吧。

而我们甚至可以说：情况一直就是如此。我们不难发现，世界上最可怕的自私，就是支持那些懦弱的亲戚们，让他们在自己家里来来去去，借由他们攀附寄生的状态，来偷偷满足内心的自我。成千上万名孩子被牺牲在以叔父姑母、兄弟姐妹、远亲与贪婪好友为名的义务祭坛上。有些时候，这些"外来者"甚至能在家庭内部资源极度缺乏的情况下，予取予求。而这一切全是凭着美德之名。除此之外，那些导致年轻人被剥夺应有资源的人，其行为所带来的恶果却很少会影响到他们自己。艾比或许毁了佛罗伦萨的未来，但她自己却没有受到任何伤害。

如果某件事情会对家中的一位成员造成伤害并带来恶果，那就意味着这件事也会伤害到家里的每一位成员。大公无私地去支持家族中那些

宣称自己无法自立自强者的行为，最终只会伤害到付出的人。生命的目标应该是成长，而不是去宠溺那些自甘堕落者。

我们应该要从这个角度去审慎思考血亲这一问题，并厘清思路。在现代社会中，这已经成为一个导致疾病衍生的可怕传统，让人感到痛苦、煎熬，甚至引发死亡。

假使基督教是建立在耶稣的指导上，那么我们必须质问，罗斯·罗曼是否比你或我更有权利，放任自己的亲属剥夺家人的资源？这世上有许多人对于宗教的认识，并不如他们对传统习俗了解得那样深刻，因而对于此种更符合身心健康的说法，抱持着否定观点。他们之所以急着告诉你"应该"怎么样去做，也不过是为自己的不健全心态找借口而已。

这是一种最为糟糕的自私形态。这也是为什么许多看上去属于美德的行为，最后会沦为一种恶。这些成天叨念着义务的人，对于自己的义务，却往往要么是带着恨意去完成，要么就是浸淫在自以为是的沾沾自喜中。

知道你应该做什么的，只有你自己。当你不再畏惧谴责后，你就能看见路。**没有任何一件事情会因为他人光凭嘴巴说说，就成为你的义务。**当我们的思路清晰起来后，我们才能拒绝他人的请求：懂得思考这些要求与我们生命的关系。当你做一件事只是为了取悦对方时，你就应该拒绝去做这件事；并以同等强硬的态度，拒绝忍受某些情况，除非你认为这些情况属于生命的责任。

在我执业的这么多年间，我收过无数封内容相似的邮件：

> 我的人生因为那些赖在家里、总是吵闹不休的亲戚们而饱受折磨。他们浪费我的金钱、我的力量和我的时间。我的母亲告诉我，照顾亲人是我应尽的义务。然而，他们除了会偷懒外，一无是处。我应该养他们吗？

The Art of
SELFISHNESS

答案是：不。**卸下这个世界的重担**。你不需要承担这些，你只是以为自己需要这么做。一旦你开始为了那些坐享其成者付出、承担他人所制造出来的一切压力，你的内心将为此崩毁。这个世界上充斥着想要靠他人施舍过活的人。如果你认为脚踏实地才是对的，那么也请将此种生活特权给予他人。养活一个好手好脚的人，只会使其变得脆弱。

我们不喜欢点出哪些人使我们痛苦，因为这么做会让我们觉得自己就像是背叛了对方。但这样做就对了吗？如果我们放任他人蚕食我们的人生，总有一天，我们会开始怨恨那些我们应该去爱的人。真正的善良，是在一开始就选择诚实。怨恨他人并觉得愧疚，就跟爱着他人并觉得自己很伟大一样愚昧。创造了爱与恨的，是上帝，而不是你。这些情绪从我们心底涌现，是基于一个我们无法去改变的力量。

总而言之，我们不可能持续去爱一个贪得无厌的亲戚、那些利用血缘关系占尽便宜的人。在市场上盛行的欺瞒行为，在家里也并不少见。对于那些总将"家庭"两字置于公平之上的人，请你务必小心，他们的关爱不过是一种假象。

在一个家庭里，软弱无能者的专横远比过于膨胀的自大，来得可怕。尽管一个坑口看似没什么威胁性，但其危险程度却更胜悬崖峭壁。别让郁郁寡欢的独裁者毁了你的人生，只因为对方不敢面对现实。他们真正需要的，是经历人生的困境——并且频繁地。

义务是一种思想状态。这件事关乎我们的信念，正如同过去人们也曾经认为拥有肉体是一种罪孽般。义务会随着我们在理解上的成长而改变。艺术家惠斯勒曾经说过，一幅画之所以美丽，就是因为知道哪些事物不该被摆进来。成功的人生取决于察觉哪些事情是不该做的。在这场战役中，那些明白自己何时该说"不！"且能在不觉得尴尬而是愉悦的状态下说出来者，就赢了一半。

当你已经走到一个临界点，并认为自己所想的并没错也不打算改变时，请平静地说出来，并让他人能感受到你言语中的不可动摇性。

如何拒绝要求

摆脱人生困境的快捷方式:

- 如果你做不到(且你的不愿意是一个不容改变的事实),请试着学习用两个词去表达,并坚守自己的立场。
- 如果你有一封难以提笔的信必须完成,请试着用十个字来阐述自己的意思。
- 当你受到压迫时,请重复使用自己第一封信的内容去响应——无论你必须重复多少次这样的行为。
- 当其他的方法都不管用时,闭上眼睛并坐着不动,这就是你最好的答案。
- 用坚定的眼神去凝视对方的嘴唇,就是一种最棒的陈述。
- "我是不会在言语上去反驳你的。"

不要承担任何你无法理解的责任,而当你拒绝时,请坚定自己的立场。这能替所有人减少困扰。快刀斩乱麻绝对比等到深陷在麻烦中再处理来得省事。即便在你许下一个承诺后,我们仍旧应该保有自己的自主性。如果你不理智地答应了某些事情,也不要拘泥于字面意思,并觉得自己有义务去实践。**你有改变想法的权利。**

承诺并不是一种誓言,更与那些虔诚的信徒在祭坛上所许下的诺言不同。这更像是对于上帝、对于生命或对于我们自身的承诺,且可以遵照我们的意愿去承担。无论人们怎么说,这都不是给予他人的承诺。唯有当这个承诺是好的,才能继续存在。倘若我是食人族,而我答应你杀一个人并将尸体带到你那边、好让我们一起享用,那么我会遵守我的承诺——直到我发现此种杀戮是邪恶的。从那一刻起,我收回了我的承诺。我并没有打破自己对你的承诺,只是生命移除了这个承诺。所有的承诺都应该如此。

在帮助他人这件事上,有一个非常棒的原则。只有当你能抱持着

The Art of
SELFISHNESS

"不求任何回报"（即便是适度的感激之词）这样的心态，我们才应该给予他人其所需要的帮助。否则，就不要帮助别人。有些事情是建立在付出与得到基础上的，但帮忙不同，帮忙是你给予，他人接受。因此，我们可以选择让对方获得你的时间和心力，或承认自己其实没有大方到经得起这样的考验。期待自己的亲切能得到回报，往往只会落得一场空。此外，当我们无意间显露出自己期待得到对方的感激之情时，此种好意就被扭曲成一种交易。

换句话说，在思考拒绝请求这个问题时，我们必须考虑的不是自己或其他人，而是试着基于真正的相互配合意识，发挥互助的精神。当一项请求超越了合理范畴，就意味着这项要求违背了**永远不要委屈自我**这一基本权利。此外，我们也绝对不能**仅仅为了追求自我满足**，而放任自己去帮助他人。对于我们自身和接受帮助者而言，唯有当生命能因此有效地向上提升时，此种帮助才属于睿智之举。

● KEEP IN MIND

> 当你做一件事只是为了取悦对方时，你就应该拒绝去做这件事。

14 自我保护是对的吗？

> 我做的任何事情对她都没有帮助。
> ——巴纳比先生与歇斯底里的巴纳比太太

我在一艘邮轮上认识了他：一艘从古老的维多利亚驶向西雅图的大型华丽邮轮。当时他正在度假，期望休养自己过劳的身心。如你所知，他已经结婚 20 年了。我们都同意这是一段很长的时光。倘若你的妻子刚好是一个歇斯底里、总是让家里所有人不得安宁的人，那么这段时光带给你的感受，肯定会更长：开开关关窗户、烹煮奇怪的餐点、服用各式各样的药物，并做出所有病恹恹女子会要求其他人替自己做的事。

邮轮沿着伟大的奥林匹克国家公园的海岸前行，远处东方的海面上时不时地可以看见老贝克山那壮丽的山头，而身旁的同伴正在向我诉说自己的故事。显然，他的太太同时还有殉道者情节（martyr complex）。她是一个极为敏感的人，任何一丁点儿的不够亲切，都会立刻让她掉下泪来。此外，只要她认为大家没有按父亲希望的方式行事，就会非常烦躁。当她的先生迂回地向她表达，自己可能不会把票投给共和党时，她开始变得歇斯底里。"要是父亲还活着，一定会悲伤到不能自已。"至于不去父亲过去曾去的教堂，则是提都不能提的事。巴纳比太太自己也没有上教堂，但那是因为她去不了，所以史蒂芬只能替她去。

这名女子一次又一次地陷入歇斯底里的状态中，体内渴望受到关注的疯狂心智，窃占了孱弱的身躯，浸淫在对双亲的迷恋情节之下。最后，打从巴纳比太太父亲过世的那一刻起，她便开始卧病在床，再也没有下过床。

你必须承认史蒂芬的困扰确实不小。

"我做的任何事情对她都没有帮助。"身心俱疲的男子说着。

"但需要帮助的人并不是她。"我立刻说道。

"为什么……不然是谁？"

"是你。"

"我？我又没生病。"

"不，你病了。"

"我哪里病了？"

"恐惧。对于自己脱离此困境可能导致的后果，感到恐惧；对于自己不再懦弱地听命于如暴君般太太的后果，感到恐惧。你不敢去治愈她。"

巴纳比先生以盯着江湖术士的眼光看着我，但他明显还想要听我说更多。

"她怎么样能被治愈？"

"你们的家庭医师有经验吗？"我打断了他的话。

"我不知道。他曾经说了好几次跟你类似的话。"

"而你拒绝接受。"

"我想你或许可以这么说。"

"很好。这就是你的答案。首先，既然你是纽约来的，我决定将你送到一所戏剧学校，让你学会演戏。"我一边说着，一边将一个地址交给他，"我想让他们教你如何发脾气，让你打败那个歇斯底里的麦克白夫人。接着，我会选择一个好时间，让你装病。我要你躺在床上，用巴纳比太太想都没想过的方式抓狂。你跟我提过，你的母亲还健在。我要你寄信给她，并让她来家里住，一直住到——你太太下床为止。我会让你们的家庭医师知道秘密，并让他能充分证明你的病况。在他和你母亲的帮助下，我打算将你们家闹得天翻地覆，乱到你太太情愿爬上旋转木马休息，也不愿意躺在那里。"

我们又接着谈了一会儿，让我有机会替这个剧本增添些许亮点。巴纳比先生静静地听着，不发一语。在船驶进普及特海湾后，一个朋友加入了我们的行列，讨论也因此戛然而止。

下一次遇见他，是五年后。他看上去气色好极了。他的太太跟他一起：一个看上去相当讨人喜欢的女性，她似乎非常喜欢跟着丈夫四处游历。他们正在安排一趟去加拿大露营的行程。在她身上我完全找不到一丝我所幻想的孱弱女性所该具备的特质。

在我们聊了一会儿后，巴纳比太太加入了另一群女士的行列，而他的先生也因此有机会和我坦白。他伸出了自己的手：

"我们在见面的时候已经握过手，但我还是想再次郑重地谢谢你。谢谢你在五年前给我的建议。真的太有效了，如你亲眼所见。"

"所以你采用了？"

"是的，丝毫不差地。我的医生对这个建议兴致勃勃，并告诉我其实我太太并没有病得那么严重，她只是歇斯底里和自我放纵而已。总而言之，他一口答应了。因此，我去了那间戏剧学校，学了如何演戏，尤其是该如何表演歇斯底里性的痉挛。整个冬天我都在练习。接着，我利用夏天的假期，躺在床上。反正我其实也已经身心俱疲了。我的母亲来跟我们一起住，而我的医生遇见了她。我猜她大概也很赞成这个计划。总之，医生宣布我必须放弃自己的生意，除非我们愿意将房子卖掉，换一间较小的。而我们确实这么做了，但这是在我和太太被送去亚利桑那间农场后的事了。

"芙瑞达整整站了三天，那里真的很简陋。接着，她打包并只身一人去了东边。我们在那边并没有房子可以让她住，而她手边的钱又不够多，所以她只能挑一间便宜的旅馆住。那里的床一点都不舒服，因此她彻夜未眠。与此同时，我去度了一场假，骑骑西部的马，面色红润地回家了。突然间,我顿悟了,于是我和她谈了几次——平静地,你懂的,而且委婉地。她明白我的意思。我愿意继续支付她的生活费,而我的条件——无论是现在还是未来——只要她不继续躺在床上,并在合理的情况下跟着我到处去,还要确保自己健健康康的。否则,我们就再换一间农场住,而且这次是永远地住下去。"

因此,我们可以清楚地认识到,唯有当我们如同巴纳比先生一样,出于对善良与真理的妥协而采取行动,我们的困境才能被打破。而那些**纯粹以自我满足**为出发点的行为,不过是邪恶之举。唯有打破太太设下的枷锁,将彼此从精神上的囚牢中释放出来,夫妇两人才能摆脱不健全的自己,真正快乐地生活着。

● KEEP IN MIND

那些纯粹以自我满足为出发点的行为,不过是邪恶之举。唯有出于对善良与真理的妥协而采取行动,我们的困境才能被打破。

15 / 生活的智慧

> 面对一直抱怨又忧郁的人,那就表现得比他更绝望。
>
> ——妻子的逆袭,反制爱唱反调的丈夫

以下内容摘录自信件:

我的困扰并不算太极端,但却以骇人的速度持续加重,且不知道怎么的,我总感觉那些日复一日刺激着我们的琐事,造成的身心俱疲远比巨大的悲痛来得磨人。

我的状况是这样的。我的先生永远不愿意做我要求他去做的事。我用来要求他去做的理由,都只会沦为他拿来拒绝我的借口。最近,我开始想要到市中心去住个几年,这样我们就可以经常去欣赏美好的音乐、戏剧和文学。但要是我开口对艾德里奇说,这肯定会变成他最不想做的一件事。事实上,这么做并不会对我们造成任何困扰。我们现在这个位于郊区的家,是租来的,而我们的孩子也都已经结婚并离家了。我找不到任何原因可以阻止我们这么做。我也知道我先生对于这个点子并不反感——要是这个点子是他第一个想到的话。

我回了这封信,并因此收到下面我所摘录的信件:

The Art of
SELFISHNESS

我不确定你的计划是否可行。但问题在于,这么做看上去太自私了。我不是什么阴谋家。我做人一向很坦白且诚实。我无法说服自己去欺瞒他人。

几个月后,这名女士终于臣服在我所给的诱人建议之下。她执行了我的计划,并成功地搬到市中心居住。我到底对她说了什么,导致她一开始如此震惊?我不过是要她利用先生爱唱反调的心态,来达成目的罢了。很显然,她的先生拥有被我们称为"反向暗示感应性"(contrary suggestibility)的心理问题。他喜欢和别人对立,总是违背其他人的期望或想法。而艾德里奇太太也无法在独自且不依赖帮助的情况下,帮助先生摆脱此种精神性扭曲。

这样一来,她所能采取的行动就只剩三种:

1. 继续成为这个病态自我的受害者。
2. 离开他,要求离婚。
3. 学习如何去控制他。

对年过五十的夫妇来说,第三个选项看上去是最理想的。因此,我建议艾德里奇太太用温和但逐渐增强的热情程度,跟先生提起他们住在郊区的种种好处。我并没有要她说谎,只不过是要她说出住在乡村的美好而已。那些优点确实就摆在那里。我的目的不过是借由反复地提起,让艾德里奇先生的自我开始出现反向的欲望而已。而这个方法很快就奏效了。他开始痛恨乡村的一切。他只想带着太太搬到市中心,无论太太想或不想!

此种聪明圆滑的手段,错了吗?我曾经听过一些食古不化者大力谴责此举。倘若这名女子的先生是一个体贴、善解人意、拥有健全的自我的人,那么我当然也会一起挞伐该名女子使用这种手段。但状况真要是如此,这对夫妇也根本不会遇到什么问题。

然而,在多数情况下,问题都是过多的自我主义而不是利他主义所导致的，或因喜欢与人唱反调者而不是顺从者而引起的。基于这一原因，此种策略是所有人都可以采用的办法。除非你所有的朋友在本性上都是非常快乐、随和且适应力极强的人，否则期待他们全都同意你的看法是相当傻的行为。在你想提出某个建议前，最聪明的办法就是先提起那些立场相反的价值观或事例。如果你认为某个行为应该被实践，请讨论该行为可能伴随而来的风险，并批评该想法。让聆听者在听了你所说的一切后，提出"尽管有这么多缺点，此行为还是必要的"。接着同意对方的看法。多数的同伴都是充满自信的。他们喜欢争辩，也喜欢提出意见。只要我们制造一个能让此种人格特质怪癖被满足的机会，我们的计划就能实现。

对于一位能做出美丽花瓶的工匠，我们心怀敬意。那么我们又为什么不能认同一位利用自己的技巧来克服困难的人呢？在世界上，还有什么事情比将技艺贯彻在生活中更为美妙的事呢？还是说拥有克服困境的技巧是错的呢？

说到底，这是一个关于我们是否要因为亲密关系中所存在的畸形限制，而让自己只能不健全地活着的抉择。倘若一个人深信最根本的自我不应该被委屈，那么他就必须想办法有效地去解决问题。这样的办法并不一定是追求自我满足，也绝不意味着将自己的意志强加到他人身上。只有当所有人都因此获得更大的自由时，这个行动才称得上正确。

只因为阴谋家是邪恶的，所以我们就只能选择使用无效的方法去解决问题吗？就生活而言，计划是必要的。这是生活的智慧。对成功而言，策略极为重要。只有当动机不正确时，这件事才会沦为邪恶的。

曾经有一个机会，我非常渴望得到。我向不少朋友说起自己对这个机会的兴趣——很随意地，你懂的，没有抱持多大的期待。在不到六个月内，一名男子联系我，向我提供了那个机会。他刚好认识我其中三个朋友，而他们在毫无察觉的情况下，将我的消息散布出去了。

无论你的道德观是否同意你这样想，但生命就像在下棋。命运就坐

The Art of
SELFISHNESS

在桌子的另一端，等着你出手。她给了你极好的例子。如果你基于情感原因，根据一套不懂得变通的策略出手，那么计划失败是必然的下场。因此相反地，我们应该根据命运的一举一动去拟定对策，并将自己的人生计划作为最基本的"策略"。

艺术家根据"色彩策略"来作画，作曲家利用和弦——曲调原则来谱曲，戏剧家利用情节——命运的策划来写作。没有建设性的计划，我们根本无法应付现代生活可能遇到的无数状况。我们必须采用策略，否则就会失败。

举例来说，没有什么比"以其人之道，还治其人之身"的力量更成功的了。"面对忧郁的姐姐，我该怎么办？"一名男子写道。"表现得比她还要忧郁，"我回答，"喋喋不休地谈着你自己的问题。在和她相处的绝大多数时间里，表现出自己是多么地绝望，并看着她是如何在一个月之内，改变自己的作风。"男人多数时候都很怕女人的眼泪。这实在很没有道理。眼泪并不存在着任何值得让人恐惧的事物。当女人开始掉泪时，你也开始大哭，对方肯定会立刻停止。试试看，结果绝对叫你惊讶。

或许，在旧思维与我所给的新建议之间存在的最大冲突，就在于对所谓的"疏离"态度的解释。过去，他们要我们无条件地接受别人的重担、给予别人无意义而温柔的同情心、面对困难一定要全力以赴。而现在，我们教你不要让自己陷进去，抱持着客观而超脱的态度。对老一辈的人而言，这是一种没有同情心的做法。但当我们以无比清晰的思路和冷静的智慧去审视时，我们就会知道：这种做法对于解决问题来说，更有帮助。

拼拼图的时候，我们习惯动手。因此，不要让困难缠着你的大脑，将它们写下来。让它们就跟报纸上的填字游戏一样客观。在你可以将问题放到台面上之前，不要纠结地去思考这些问题。

最重要的策略，莫过于保密。对于自己所做的事，绝对不能透露十分之一的量。多言而导致失败的情况，远多过任何不小心的行为。

生活的智慧

● Keep in mind

  生命就像在下棋。命运就坐在桌子的另一端,等着你出手。我们应该根据命运的一举一动去拟定对策,并将自己的人生计划作为最基本的"策略"。

16 / 当牺牲只会带来伤害

> 为了孩子做牛做马,委屈自己。她的牺牲打从一开始,就注定走向失败。
>
> ——宠坏儿子的法威尔太太

自私的艺术,就是懂得如何满足自己的需求,而不是让别人去承担这件事。真正的无私是不允许你因为昨日的圣人之举,而加重今日的负担。真正的无私也不允许我们在出于自我满足的心理下,让他人享有各种特权,并错误地称此种放任为美德。科学的伦理道德就是探索,而此种探索必须顺着自然,并让自然告诉我们真相为何。现在,不妨让我们看看旧思想是如何对待法威尔太太和她的儿子的。

威廉只会越学越坏,这是毫无疑问的。自从少年法庭的人员来过后,他的母亲再也无法忽视这个问题。除此之外,他让她知道自己是如何宠坏了这个孩子的。

法威尔太太沉浸在苦涩的冲击里。威廉的父亲过世时,威廉才刚学会自己穿小短裤。法威尔太太很清楚自己的使命。"他绝对不会因为汤姆不在了,而缺乏任何一件本该拥有的事物。"她对自己这么说。而她为了这个承诺,疯狂地工作。

"当然了,"法院人员听了她的故事后说道,"他已经习惯在自己玩耍的时候,见你做牛做马。你怎么可能期望他去学着适应,或懂得纪律?"

"难道我不该这么做吗?"法威尔太太反问,"我不想显得自私。"

"是的,你不应该这么做。生命远比我们想象得伟大,法威尔太太。当悲伤笼罩着整个家庭时,父母亲应该做的事不是扮演上帝,让自己成为隔绝一切洪水猛兽的堤坝。我们应该一起经历生命,并学习该如何一起面对。你试着当自己孩子的命运女神,但他应该和你一起学着面对失去。这样才能让他成长。"

是的,他说得没错。法威尔太太现在明白了。她寻思着这一切的苦果。威廉从来就没有感受过失去父亲的痛苦,他什么都不缺。

我们可以将这个小故事置换在各个时空背景下。其原则适用在丈夫与妻子间,甚至也适用在年轻人去思考自己对年长者的义务时。以无私之名扮演起上帝的角色,最终只会导致灾难性的后果。

在我接触了成千上万名求助者后,关于这一原则,我取得了一份统计数据。这些数据有些源自好多年前。当时的男孩与女孩们如今都有了自己的孩子。如法威尔太太这样的自我牺牲,往往只会适得其反,导致悲剧发生。

威廉造成的问题不仅带来了法律上的苦果,他母亲也为自己无私的牺牲吃尽了苦头。多年以来积劳成疾,让她原本健康的身体变得孱弱。在孩子进入青春期后,日夜担忧更导致她精神脆弱。他的违法行为也伤透了她的心。她的"无私",让自己成为这一切的罪魁祸首。除此之外,我们也不能忽略当法威尔太太一心一意地只为了孩子那短暂的享乐奔波时,她如何放弃让自己成为一个更好的人。

她虽然称不上非常聪明,但过去她也曾经是一个好邻居、好朋友;然而,当她全心全意地只想让威廉过舒适的日子时,她所有的善都消失了。法院人员告诉她,她真正应尽义务的对象应该是生命,而不是孩子;而唯有在她对生命尽了义务,并让孩子学习承担后果时,她才是真正尽到了对他的责任。

你是否曾经看过拜占庭时期的圣母像,看着当时的画家以僵硬的线条和平板的图像去限制自己的画作?在如今这个被可怕的功利主义主宰的世界里,这种思想依旧钳制着我们的道德,禁锢着爱那本该自由流动的力量。

为了外在的义务让自己受苦,是传统思维所认定的一种美德——无论此种牺牲是否合适或有意义。说到底,法威尔太太从丈夫过世的那一刻起,就基于那虚假的善良,决定妥协自我。她对威廉的纵容,不过是出于自我满足的心态。这让她觉得自己很伟大,为了孩子做牛做马,委屈自己。如同所有违反**自我基本法则**和误用**神奇公式**的情况,她的牺牲打从一开始,就注定走向失败。

● KEEP IN MIND

自私的艺术,是懂得如何满足自己的需求,而不是让别人去承担这件事。

17 愚昧的贪婪

> 麻烦是我们最大的敌人,而麻烦总在贪婪的保护下,潜入我们的生活。
>
> ——一生都在愤怒中度过的银行家

你肯定在影视作品里,看过像乔舒亚·恩罗德那样的人。他住在美国中西部的一个小城,从事着银行业务。他的专长是撤销孤苦无依的寡妇的贷款赎回权。他的面颊消瘦,言辞冷酷,眼神锐利。他很孤单。没有人爱他,人们都恨他。他的贪婪摧毁了自身的一切快乐。

乔舒亚心中充满了愤怒。他的家庭面临着一个又一个的危机。首先是他的太太生病了。在拖着病体撑了几年后,她终究还是撒手人寰了。乔舒亚原本期望,至少在晚年的时候,他唯一的女儿能照亮他的人生。然而,女儿却跟人私奔了。称职的管家偏偏又很难找。尽管家财万贯,乔舒亚却过得一点都不开心。

对于自己的计划拖了这么久仍旧无法完成,他也感到非常愤怒,不满意的问题越积越多。他不停抱怨那永无止境的拖延,但他不知道这些延误全都是自己造成的。他为命运设下了模板,并要求人生依照他的设计去走。命运或许使他吃苦,但他绝对不会向命运低头。只有他能发号施令,让命运向他低头。这就是他一贯的座右铭。毫无意外地,命运总是不听话地径自发展,无视他的命令。

僵化的思维鲜少能解决问题。自大堵死了那条通往更好生活的道路。如果你告诉恩罗德一个可以解决当前困境的办法，他也只愿意想着"这不可能做到"。你以为他也渴望得知真相，最后却发现他只想得到一个符合自己偏见的结论。除此之外，他都视为胡说。

当人们坚持将事情依照自身扭曲个性的标准来衡量时，真相往往也会受到扭曲。唯有当他愿意将束缚在自由意志上的贪婪破除，他才能免于受到以自我为中心的想法的禁锢。

一切问题的解，都存在于我们心底。我们必须对内探寻，才能找到出路。对你来说，今天将是一个无比关键的日子。那些为自身困境而感到愤怒的人，只会沦为困境的受害者。

在美国，有上百万名国民在入伍的时候接受过心理测验。根据这些测验结果，执行测验者对美国整体智商给出了相当低的评估，此举自然引发了大批民众的抗议。我们不是白痴，人们怒吼。或许不是，但考虑到我们存在的某些想法，其实我们有些时候"也离之不远了"。

我们在面对邪恶——尤其是贪婪方面，所表现出来的做法近似于低能。数世纪以来，人们总被谆谆教诲不可以贪得无厌。贪婪也被列为最致命的原罪。结果，贪婪继续主宰着世界。如果我们可以稍微运用一点智慧来处理那些掠夺成性的逐利者，或许贪婪如今就会跟人类脊椎中的尾骨一样退化。

如果跟一个人说某件事是不好的，他往往不会立刻放弃。但如果我们说这件事是愚蠢的，他可能会认为自己最好要小心点。他永远不会改变自己的行为，直到他非常肯定这么做是相当自私的。

当古罗马人发现"以毒攻毒"这个方法时，生命中最伟大的一个法则便诞生了。这个世界永远都摆脱不了因为自私的有效性而被保留下来的贪婪。只有当人们发现邪恶会侵蚀到自身的利益时，违背生命的行为才会因此断绝。

麻烦是我们最大的敌人，而麻烦总在贪婪的保护下，潜入我们的生活。我们不妨扪心自问：要是在过去五千年里，主宰着人类世界的是互利共生的精神，那么你的人生现在还会如此困难吗？想想看人类的贪婪摧毁了多少事物，通过战争、掠夺性的商业主义、过度开发和漠视；想想看那些被摧毁的城市、艺术品、文学、设施；想想看那些被踩蹦的森林、矿脉和草原，还有劳动者的身心健康也被完全忽视。

腐败、贪污、犯罪和战争威胁着地球上的每一条性命。它们挑战着科学与技术为我们带来的一切，只为了保护并强化自身的力量。

人类怎么会做出自杀这样的行为？人类为何会选择摧毁肉身，剥夺自己活下去的权利？同一种短浅的目光与理由，在我们有限的人生经历内，影响着我们的生活与思维的框架。我再强调一次，对于善和恶的评估，往往需要数十年以上的思维跨度才能进行。我们因为贪婪获得了一点点利益，却因此赔掉了那些能真正带给我们富足与快乐的人的信赖和爱。我们赢得一场小小的战役，却输掉一切。当体内的灵魂开始枯萎，即便是成为亿万富翁，我们还是输了。

倘若你身处在一个无人居住的南海小岛上，那么你所面临的问题将非常单纯，不外乎食、衣、住方面。在这伪文明的世界里，我们的问题依旧与食、衣、住脱不了关系，只不过我们与其的关系更为迂回。

一群军国主义者为着商业目的，在欧洲引爆一场大战，生灵涂炭。税金被提高，食物价格飙涨，有千百种事情能让你的日子难过。在你居住的地方上，一群政客企图铺设造价昂贵的污水管线，或砍掉你们那条街上的大树。人群、人群、人群，到处都挤满了人，让你困扰不已。人类的本性才是真正的罪魁祸首。

你或许能基于自身的力量，暂时与那些制造战争、喜爱侵略他人的人"维持良好的关系"。你或许认为，在这场游戏中，你绝对够"机灵"。但是生命、人和命运终究会察觉真相。一旦他们发现了你的贪婪，就再也不会让你称心如意。

任何形式的自利主义也是如此。当你让愤怒占据自己、只想着表达自己的感受、不停埋怨他人时，爱就消失了，珍贵的羁绊也因此被切断。换另一个情况来看，你觉得自己受到了伤害，于是你感到愤怒，让自己意志消沉地病着。你的神经变得过于敏感，你的头脑开始混乱。无论是哪一种情况，自大都会让我们的力量被削弱。

最奇怪的地方就在于贪婪其实是自利主义所导致的后果。换句话说，当我们的"自大"彻底失败时，我们往往会转而寻求贪婪，而不是去想着该如何以较文明的手段来实现自我。有些人会用自身的经历来增强自信，并认为周围的人理所当然地应该要臣服在自己之下。于是一次又一次地，命运不愿继续眷顾他，而周围的人也不愿意继续配合他。事情慢慢地变调。追寻者变成了独裁者，贪婪控制了他的内心。

简而言之，贪婪践踏了关于自我的原则。那些深信不该让自我妥协的人，也不能侵践他人的自我。无论是对自己或于他人而言，**生命的不可侵犯性**都是每个人的权利。人们也绝对不能忽视神奇公式，为自己的需求而剥削他人。无论对象是谁、状况为何，贪婪追求的总是自我满足。

最让人难以理解的是，如此愚蠢的冲动，居然控制了世界这么久。更奇怪的是，尽管人们处处钳制着真正对人有利的自私，贪婪却总能逍遥法外。当我们颂扬自私能让人们重拾那些微弱的与生俱来的权利时，我们往往会被许多善良者谴责。但当我们攻击根深蒂固的贪婪时，我们却会被称为危险的激进分子。显然，人们似乎认为，贪婪是人类必须容忍的，其侵略的力量被保护得如此完好，导致人们难以攻击它。然而——此景绝无法长久。

● KEEP IN MIND

> 我们因为贪婪获得了一点点利益，却因此赔掉了那些能真正带给我们富足与快乐的人的信赖和爱。当体内的灵魂开始枯萎，即便是成为亿万富翁，我们还是输了。

18 掌控我们的敌人

> 有些时候,我们的敌人是个霸凌者,而遏止对方的有效方法,便是展现自己的力量。
> ——以柔克刚的艺术

人之所以生而在世,就是为了活着。尽管生命有尽头,但这并不影响我们去拥有一个长久且快乐的人生。没有任何一件事情能阻碍我们。人类学会了如何保护自己免受大自然的伤害,也逐渐学会如何打败病魔和时间;但我们却尚未学会该如何保护自己,远离他人的嫉妒、贪婪、恶意和自私。

让自己免受攻击,是一种罪吗?

对仍旧怀抱着幼稚理想的多情者而言,自卫似乎是一种相当自私的举动。他们让你相信"反击回去"的行为,违背了人类数世代所沿袭的美德(尽管许多人不停宣扬这样的美德,真正能付诸实践的却少之又少)。

而对于我们这些不同意此种不负责任论点的人而言,我们认为每一条生命的最大责任,就是透过自己的行为让足以消灭生命良善之力的邪恶,永无肆虐的机会。如果我们放任邪恶蔓延,希望将因此被毁灭。

要想探讨敌意,就必须去探讨新道德观的核心。在旧的人生观下,存在着两大原则。第一种,我们利用暴力的手段,发泄自己的怒火,满足自己复仇的欲望,让愤怒征服我们。另一种,则是让自己被邪恶的一方征服。

The Art of
SELFISHNESS

甘地就曾经使用过这一方法——消极地。但对于此方法是否适用于西方世界，我有点怀疑。然而，利用积极手段去打败敌人的"积极不抵抗运动"，成为第三种（且介于前两者之间的）对抗邪恶的办法。让你的对手自行毁灭。在不使用暴力的情况下，找出办法击倒敌人。这有点像是**精神上**的柔道或空手道。

不要因为战斗而战斗，不要为了自我膨胀而战斗，不要为了自满而战斗，不要为了打败敌人或意图惩罚对方而战斗。要为了更远大的目标而战斗，且用不战斗的方式去迎战——尽管这么做听起来有些矛盾。为了正面的力量而战，为了那足以攻克我们困境的强大力量而战。举例来说，曾有一名男子威胁我，说我要是再不改变想法，他就会揍我。他当时是这么想的，但我在他开始动手之前，冷静地说："就算我们打了一架，我的想法也是不会变的。你可以杀死我，但你无法说服我。而在你于监狱度过的余生里，你都会想着这件事。"我坚定的态度战胜了他的愤怒。我们最终没有动手。

但这并不意味着只要使用"积极不抵抗行为"，就一定能立即解决眼前的问题。但只要我们能经常练习并逐渐完善技巧，或迟或缓，这个方法便会带来奇迹。只要拿出智慧，暴力就无用武之地。

俗语说，只要你给对方足够的机会，他就会自取灭亡。因此，只要给敌人一定的机会，他迟早会引火自焚。当对方暴露出自己的弱点时，我们就有了给出致命一击的机会。

一名女性发现，她喜欢的邻居她的丈夫却都不喜欢。此外，尽管她实在不擅长做家务，她的丈夫却拒绝了她雇用一名帮佣的提议（尽管他们确实负担得起）。这两个困扰让她心烦意乱，直到她发现自己可以用以毒攻毒的方式来解决问题。

"这真是太棒了，"她平静地说着，"我不需要像别的女人那样，想办法让家里井井有条，反正也不会有人来我们家做客，所以干不干净根本不重要。"被家里混乱状态吓到的男主人，为了不让自己继续住在猪窝中，最终决定雇用一名管家，并邀请邻居来家里做客。

值得注意的是，此方法是让我们**通过让步来赢**。在为了目标奋斗时，可以放弃其他非必要的。坚守自己的信念，不要为琐碎的价值妨碍此信念的实践。只有以自我为中心者，才会要求一切尽如自己所愿。

富兰克林·罗斯福知道掌控敌人的秘诀。当时，一名性格倔强的参议员阻挡了某条重要法案的进展，而罗斯福知道此人是一名痴迷的邮票搜集家，因此他利用了这个信息，取得重大的成功。某天晚上，当罗斯福正在整理自己的邮票收藏时，他打给了那名参议员，并拜托他来帮自己。受宠若惊的参议员当天晚上就过去了，两人一起整理了一会儿……隔天，在那条法案进行记名投票时，那名参议员投下了赞同票。我们在这个故事中，可以学到一个极为重要的教训。在两人享受整理邮票的时光里，谁也没有提起他们对于这条法案的不同立场。他们只是通过这段时光更好地认识了对方，让之前的"敌人"成为现在的"朋友"。

有些时候，我们的敌人是个霸凌者，而遏止对方的有效方法，便是展现自己的力量。无论是对个人或国家来说，这一道理都是不变的。对那些只懂得使用枪与拳头的敌人来说，勇气和决心是我们最强大的武器。动物感受得到你的恐惧，而懦夫自然也知道对方和自己到底是否一样。

● KEEP IN MIND

要为了更远大的目标而战斗，并用不战斗的方式去迎战。让过去的"敌人"成为现在的"朋友"。

19　控制狂的解药

> 勇于正面冲突，痛苦绝对小于继续忍耐的折磨。
>
> ——为家而战，克鲁太太的反击

以下摘录自某信件：

我们到底该怎么做，当一名女性的丈夫在农场里使用着最先进的器械，却在想法上拒绝一切的突破时？乔纳斯·克鲁让家庭生活变成了一种折磨。如同古人对待女人的方式般，他以最自大傲慢的压制手段来对待我。他拒绝给予两个女儿任何自由。只要我们的儿子对父亲的想法提出任何异议，他就威胁着要断绝父子关系。全家人都过着如同奴隶般的生活。

我们总是留不住仆人，因为乔纳斯总把人家视作机器人。每当对方表达自己想要获得应有的薪水和合理的工时时，他就大发雷霆。在农场里也不例外。他说那些都是属于他的，因此，他高兴怎么做就怎么做。

当然，我最关切的，还是他在家中的行为。如今，我们两人的相处模式，就是我必须同意并服从他所说的一切。但事情已经来到了一个临界点，如果我再不做点什么，孩子们的人生就要被毁了。他对着女孩们带回家的每一位男孩大发脾气，咒骂别人脑中的新思想。这真的太可悲了。你能给我一点建议吗？

"是的,确实有方法。"

我回复道:"只要你有实践的勇气,并获得三个孩子的全力支持(在阅读了你的信后,我相信这点不是问题)。亲身经历的最大好处,就是具有绝佳的教化力量,而你的先生需要被教化。他需要经历一场能深深冲击到他、夸张且让他感受到危机的体验。好言相劝对于这样的人来说是无用的。此刻,你所需要做的事,就是给他一场震撼教育,让他不得不改变自己的做法。为此,我想出了一个计划,但前提有五点:

1. 确保三个孩子的全力配合,所作所为都要以一家人为出发点。
2. 禁止在任何情况下,透露自己正在施行的计划。
3. 将计划发挥到极致,并频繁地实践。
4. 确保这件事是如此令人震惊,震惊到克鲁先生不敢去四处张扬,或和子女断绝关系。
5. 当关键时刻来临时,对他下最后通牒,并坚守立场。只要你这么做,就能赢得胜利。

以下是我的计划:既然你的先生坚守自己那早已过时的价值观,那么你不妨干脆将所有近代发明所创造出来的器械全部抛弃。找一天,趁他在谈生意的时候,切断电力与电话。关掉瓦斯,扑灭炉火。将所有现代器具都收进仓库中,并让浴室里的马桶无法使用。参考古时候的样子来准备晚餐,只用蜡烛来照亮家里,也只能用炉箅来温暖家里。换句话说,利用你在信中提到的先生言行不一的事实,来制造危机,让他知道你打算放弃一切关于现代文明的事物,因其有违他那古老的思维。

大约一个礼拜左右,我收到了回信:

这听起来有点激进得太恐怖了,但我的女儿们非常赞同,我的儿子

The Art of
SELFISHNESS

也是。我们也明白，你要我们在这件事上做到全然的缜密与坚定。我们在旧式的炉灶上烹煮晚餐。我们还事先放了仆人一个礼拜的假，这样她就不会让我们露出马脚。而我们也照你的吩咐，将家中所有现代器具都收了起来。

你知道这个计划起了什么效果吗？克鲁先生一脸不悦地回到家，正准备严厉谴责我们时，发现整个家又暗又冷。他生气地按下开关。没有任何反应——仍旧是一片漆黑。他在家里到处摸索，并看到我们正在做的事。实验开始了。他看上去是如此困惑，但接下来的反应出乎所有人的预料。我们以为他一定会大发雷霆，但他没有。他实在太震惊了。事实上，他连一句话都说不出来。然后，你知道的，尽管我们并不是刻意串通的，但我们四个人一起向他发难。我们告诉他自己的想法。我们威胁要跟所有人讲出他的所作所为。我说如果从今天晚上起，他还是不愿意改变自己，我就会离开他。

女孩们说着自己会如何在法院上作证，而汤姆——也就是我的儿子——活灵活现地描述了这些事会对他的生意造成何等影响。我们做到了。他没有做任何反抗。他就这样垮掉了。我猜他过去其实只是虚张声势、做个样子而已，可怜的家伙。总之，我们让他签了四项协议。我们每个人各自立了一条，而他也签了，承诺会还给我们现代家庭应享有的独立自主。克鲁先生一定会信守承诺，因为他就是这样的一个人。我真的不知道该怎么描述，但在经历了这个晚上以后，他变得真的很温柔且平静——尽管有些茫然，但非常顺从。

在美国，还有成千上万名的克鲁先生，他们在技术上一马当先，但在道德观念上却停滞不前。尽管他们明白自己的价值观根本站不住脚，但却拒绝改变。这些人将自我牺牲神圣化，称其为一种美德（尽管他们自己从不实践），并以此来掩饰自己的铁石心肠。他们看不见生命的真谛，还经常扭曲事实。他们会变成这样，并不是因为他人蓄意欺瞒，而

控制狂的解药

是一种自我催眠。当他们也违反了这一虚伪的价值观时,他们也会因此痛苦;当他们打破了狭隘的自我否定模式时,他们甚至会对自己动怒。尽管如此,他们对于自己一手导致的局面却无所作为。

当你否定自己的智慧时,也会同时失去自己的判断力。而这些放弃思考的人们,尽管不顾一切地为了困境的细枝末节去努力,却未曾解决任何问题。他们就跟克鲁先生一样,认为自己尽了"义务",并强迫每个人都依照他那出于善意的否定思维来行动。从此,无私成了暴政的核心灵魂。

克鲁太太是否应该继续容忍他的自我主义?你的答案取决于你的道德派别。

对于那些深信**永远不要让自我妥协**的人而言,他们会认为我们必须拿出因应之道来解决危机。眼前的问题在于如何找出一种办法去告诉克鲁先生,他必须改变作风,让家人不再成为他追逐**纯粹自我满足**行为的受害者。他的家人长年都以不健全的方式活着,他们的人生濒临毁灭。为了争取自由,他们必须掀起另一桩波士顿倾茶事件。

就我的观点来看,面对此种不愿舍弃固执的思维框架并强加其思想到家人身上的人,我们只能透过两种方式来处理专横的亲密关系。第一种方式:让步,彻底且持续服从,直至死亡(此种生活方式确实会导致死亡更快降临)。第二种则是创造出冲击性的场面,导致某些事情不得不发生。对于暴君来说,这将是最棒也最苦涩的良药。

此外,我还想再加上:不要说话,不要乞求,不要争吵,不要试图说服,这么做只会让人疲惫。勇敢地去主导危机发生所可能带来的痛苦,它绝对小过于因不敢反抗而带来的长年折磨。

此种无声的原则也适用于处理**精神性的自私**——因病态心理而出现的以自我为中心。他们那幼稚的虚荣心和不成熟的情绪化,是无法单凭言语来解决的。而此种在过度敏感、阴郁和自私精神状态下经常见到的自怜或隐藏性的残酷手段,自然也是无法用忍耐来解决的。此种神经性的自私总会试图将你所说的每句话，扭曲成最刻薄的酸言酸语，而你的行为更成为对方口中所控诉的虐待。你的话语被过度解释，你的意思被曲解，你的动机变得无比邪恶，而你与这个以自我为中心者的关系最终将沦为一场纠缠不清的混乱。

停止讨论，放弃对方。仅凭论述是无法治愈此种狂乱的精神错乱的。就算你用言语对这些心理病了的神经质者施压，也不会获得想要的效果。而责备他们因早年经验而不幸导致这样异常的人格，更是无济于事。他会拥有这样的态度，责任并不在他，更不在他所身处并带来困扰的家庭身上。不要因为别人的责任而怪罪于他。

而将此人的病态视为此人的本性，更是错误的行为。此种精神症跟我们每个人都有且有时还会扭曲我们本意的坏习惯一样，就如同你也不希望有些奇奇怪怪的过敏症般，他也不希望自己拥有这些异常的举止。

思考并下定决心：如果你没有这样一位神经质的伴侣，你会过着怎么样的生活、怎么样做。接着，按照自己的想法去做，无论会遭遇到多大的反抗。这些都会过去，而对方也会渐渐开始恢复。无论对方是谁，永远不要对神经官能症者低头，勇敢地去反抗并忽视他。

● KEEP IN MIND

当你否定自己的智慧时，也会同时失去自己的判断力。放弃思考的人们，尽管不顾一切地为了困境的细枝末节而努力，却不曾解决任何问题。

20 改变那些令你厌恶的行为

> 当你为了一件事而心烦意乱时,绝对不要试图在此刻去解决。
>
> ——静观其变的强大

聪明的人会懂得如何以毒攻毒,利用一个问题来解决另一个问题。你一定认识那个将太太所有的亲戚都请来家里做客、好让岳母不要继续赖在家里的丈夫。

对立的问题就如双重否定般,往往可以互相抵消。某一名商人有一个非常难搞的合伙人,这名合伙人总是试图干预每一个部门的作业。为了纠正对方的这个习惯,他让这名合伙人去解决全体员工所面临的大大小小问题,而这些问题的量是如此庞杂,导致这名合伙人再也受不了了。自此之后,这名合伙人除了自己分内的事情外,再也不去插手其他人的事务了。

总而言之,核心概念就是**用行动来取胜、用反作用来获得保护**。倘若没有任何事物会影响你的付出,也没有人会阻碍你,那么直接的方法往往就能奏效。但鲜少有人可以如此平和地解决问题。生活中的压力与紧绷,往往源自那些以自我为中心者的傲慢和愚昧。唯有认清这些愚蠢的行为,利用反作用来抵御,我们才能移除这纷扰世界中的混乱。

一名热心过头的警官曾经因为我将车子停在某处超过一个小时,就开了一张罚单给我,但在那个停车位里并没有任何警告标识。于是,我

The Art of
SELFISHNESS

走向就站在对街的那名警官。

"警官,"我开口,"我正考虑调查一下这个镇上的停车问题。请问,您知道从这里一直到那个限时停车一小时的标志之间,距离有多远吗?"

"我猜蛮远的吧。"他回答道,并收走了那张罚单。

无论在何种情况下,如果我们的目标是赢,那么绝对不要和以自我为中心者硬碰硬。这么做只会导致对方进一步反击。中立的态度才是处理此种状况的好方法。当某人侮辱你时,不要立刻爆发,也不要让自己像个心高气傲的巨人般,趾高气扬。如果你认为对方试图欺骗你,请暗地里搜集足够的证据。不理智的大话只会引起对方的警觉,因此,如果我们让自己看上去渺小,对方反而会轻视状况。问题越大,就越应该让自己看上去柔弱。只有懦夫才会大声咆哮和威胁。

如果你不让别人有机会表达,你永远都不知道别人所具有的能力。而当你激动地展现自己是多么强大时,你也看不到别人的强大。但当你摊开自己、展示出自己的需求与脆弱时,别人的自大就会浮现。我们必须、也只有通过这样的方法,才能获得打倒对方的可能。

换而言之,没有任何一件事的力量能超越看似无害的自曝其短。当我们的敌人对我们怀抱畏惧时,我们便无法摸清敌人的力量。因此,预防自己被欺骗的最好办法,就是展露绝对的天真,这是一个极为吊诡却再正确不过的事实。当欺骗干扰到了一个人的正直性,他会因为忙着算计你而忽视了你所具有的力量。当你如同孩子般天真且不做作,你的率真将让对方掉以轻心。别有用心的对方,将失去自己的专注力。背叛者最终也将沦为背叛的受害者,这也是为什么狡猾的人总是想不出好策略,因为他们看不破自己的诡计。缺乏良善意图的对方,无法理解我们的不屈不挠。

在人类之外同样缺乏"静观其变"智慧的动物,就是猴子。猴子总在实际做出行动前,就暴露了自己的意图。看看猫,它将身躯蜷起,唯有看着尾巴的末端你才知道它内心在想些什么（这样的透露还是不太睿智）。默不作声和看似"无所作为"的等待，有时能带来奇迹。真空远比强风更有力量。我们可以利用此种方法，将一件烦人的问题变成解决另一个烦人问题的办法。

我曾经认识一名女性，她有一个非常不听话的孩子。每次她来访都会让我疲惫不堪。我有一只狗，就跟那个孩子一样难缠。这只狗简直是个大麻烦。后来，每当这名女士带着令人困扰的孩子上门时，我就会让这只狗也在场。渐渐地，这名女士没有再出现了。

然而，我们无法用此种方法来应对那些令人厌恶的事物在你心里所掀起的滔天巨浪。因为处理这些情况的第一步，必须由**你自己**开始。整顿好心里的所有怒火，放下一切的不满。跳蚤、蚊子、催缴账单不过是生活的一部分。自大的邻居和愚蠢的亲戚也并非罕见的产物，当你的生活因为他们而被搅得乌烟瘴气时，请坦然接受他们。只要你能让自己冷静下来，就没有什么事情是不能解决的。

请让这成为你的原则：当你为一件事而心烦意乱时，绝对不要试图在此刻去解决。放下这件事，直到你能看到这件事有趣的地方。就连那个在愚人节被儿子捉弄而红肿疼痛的脚趾，也有其美好之处。

当然，有些时候，此种积极型的不抵抗技巧，只会成为"火上浇油"的举动，且尤其不适合使用在一段良好的亲密关系出现暂时性的纷争时。当伴侣变得冷漠而疏远时，此刻的我们如果因为愚蠢的骄傲而选择转身离去，这段关系只会陷入漫长而难受的冬季。善用破冰的技巧，用温暖来抵御寒冷。换句话说，如果你无法推动这块寒冰，那就融化它。如果你能改变心态，视此为一个有趣的任务，那么在这个过程中，你也将获得同等的乐趣。锁定某个爱抱怨的对象（像是……你的老公？），将其视作目标，并开始利用越来越多的温暖去照耀对方。在耀眼的温暖爱意下，对方绝对无法反击。

然而，当你的心中已无任何一丝爱意，那么这些"善意的举动"就毫无意义了。在对的场合下给出一个微笑，能化解许多恩怨。练习此种出自善意的行为，去发觉其本质，并了解在何时、如何、为什么的情况下，此种行为所带给你的真实感受。对此种充满推力的诚挚方法而言，此过程是相当必要的。如果我们只是将亲切作为一种手段，亲切将成为最烂的策略。多数"成功秘籍"所隐藏的问题，就在于这些书告诉你该怎么做，却没有告诉你：当你无法心甘情愿地去实践时，这些建议只会导致失败。

最傻的傻瓜也有其优点，而我们每一个人——无论品德如何高尚，也终归不是圣人。化敌为友的艺术与我们每个人身上都具有的善、恶，息息相关。承认敌人在你身上所看到的缺点。当我们去发觉对方所拥有，但一直被我们忽视的优点时，对方的敌意也会因此减弱。我们称此为"爱意至上"的哲学。一旦好的事物和不好的事物产生关联时，其正向力量将压过邪恶的一面。换句话说，当你的敌人同时想到善与恶时，他将因为想到可能会伤害到所爱之人而无法做出任何充满恶意的行为。

我曾经认识一个男孩，总和那些举止狂野的人在一起，直到他发觉这么做可能会让他染上疾病并因此影响到整个家，甚至伤害到母亲与姐妹们。这些想法让男孩改变了自己的行为。

每件事物都有其脆弱的一面。**你的敌人很自大？**那么他肯定会漏看许多小细节。**他总是犹豫不决且过于卑微？**那么他可能会错过某些重大事实。**他容易紧张且总是无法放松？**那么他可能会一不小心就冲得太快。**他很随意且充满自信？**那么他在某些事情上可能会错失良机。请将"寻找弱点"变成一种习惯。

各国的秘密特务总是被教导，该如何透过偏离日常轨道的新事件与新对象、混乱与预料外的事件，来察觉线索的痕迹。他们时时关注着那些奇怪的评论、未能解释的行为和紧张的举止，更对那些令人不悦或傲慢的语调、突然改变的行为和显然藏着秘密的证据保持警惕。他们追着极端的言论，观察着趋势与台面下的暗流。这才是谨慎并获得成功的方法。

尽管如此，不要变成一个以自我为中心者，用怀疑论者的态度去看待全世界。我们只应该在下列情况中使用：

- 当你肯定另一方不正直时。
- 当你能真正做到置身事外时。
- 当聪明的应对同时也是公平的应对方式时。
- 当你能确保自己的行为中不带有骄傲时。
- 当你必须这么做才能确保你行为的后续效果时。
- 当自然这么引导我们时，因其永远都是最灵巧的。想想它是如何给予跳蚤跳跃的能力的。顺带一提，难道鸟和动物会因为身上的保护色，就成为不正直的存在吗？因此，只要确保在正确的情况下使用，精明绝对称不上不正直。

我们要成为一个有谋略、善良的人，而不是一个总是心怀愧疚、犹豫不决、精明却总撑不到最后的计划者。要做就必须做到最好，否则不如不做。当然，在我们出于被迫或厌恶的情况下而不得已地反击时，我们的举止依旧应受合作与互利的原则限制。倘若你愿意接受"永远不要让自我妥协"这样的原则，那么你自然不能使用任何压迫他人的手段。此外，也绝对不能仅仅为了追求自我满足，而去制裁他人的恶行。他人对你的不义之举，就是对生命的不义。同样的道理我们也必须铭记于心。

下面，是来自长期接触并擅长心理策略者所给予的原则：

- 绝对不要让自己看上去面无表情，这在美国行不通。练习摆出一个天真的、乐于接受且善良的表情，并维持好。
- 在任何情况下，热情都是最好的方式。全心全意是具有感染力的。

The Art of SELFISHNESS

- 想要赢得别人的心，就必须先付出自己的心。
- 当猎豹陷入僵局时，它会打呵欠和伸伸懒腰。在紧绷的情况下，没有什么比放松的动作更能带来强而有力的效果。
- 当处境尴尬时，不妨自嘲。笑容是世界上最棒的武器。一直笑着，直到别人也加入你的行列，但请记住，嘲笑的对象只能是自己。
- 如果有些令人不悦的话，你无论如何都必须说，那么请温柔且缓慢地说。
- 没有什么比突然放低音调，更能让对方立刻注意到的事了，而低沉的声音绝对比握紧的拳头来得好。
- 绝对不要让对手觉得你很聪明。你看上去越单纯，对方的攻击力就越弱。
- 对自大者的顽固抱持一定的预期。不要告诉对方你认为他应该怎么样去做。去提那些相反的计划，让对方自发性地朝着你的目标前进。
- 请记住，恐惧远比固执来得顽强。要想动摇心生畏惧者的决心，不妨找出论述中那些足以让其畏惧的点，并提出来讨论。一个鬼故事就足以让胆小鬼冲过有狼出没的森林。
- 永远不要试着操控他人。管好自己，并注意自己的一言一行。操控别人只会带来失败。让这样的想法成为你一切行为的根基。
- 直捣问题核心，让对方退缩。绝大多数时候，我们的问题都是因人而起。这也是为什么我们应对一个问题的方式将决定问题的走向。不能经常退缩。正面迎战问题，让牵涉其中的人退开。
- 当别人忽视你，其行为等同于告诉你该如何对待他们。每一种情况总有千百种好的应对之道。接受情况给你的建议，你就会知道该怎么做。
- 永远不要相信一个试图隐藏自身愚蠢的人。没有人时时刻刻都是聪明的。越睿智的人，越愿意承认自己出错的时候。在一群人之中，最安全的追随对象，就是那些知道自己会不断犯错的人。
- 使用欺瞒的手段，就等同于承认自己的脆弱。强者鲜少会出花招。如果你完全不怕他人的诡计，别人就会落荒而逃。诡计只会导致愚行。一个耍着小聪明的恶棍，往往只会落得弄巧成拙的下场。

● KEEP IN MIND

用行动来取胜，用反作用来获得保护。只要你能让自己冷静下来，几乎没有什么事情是不能解决的。

21 更高尚的自私

> 她之所以成功，是因为她开始懂得拒绝让自己被利用。
>
> ——职业女性更需要自私

一名职业女性坐在医生的办公室里，看上去既紧张又疲惫。经验老到的女医师久久而坚定地望着她，就好像在衡量自己说出来的话可能会导致什么后果般。在搞清楚情况后，她微笑着开口。

"我希望你去度个假，亲爱的。"她温柔地说。

"度假！为什么？这是不可能的，"对方惊呼，"我的公司不会准许的。而且说实在的，我也没有足够的钱能让我想去哪儿就去哪儿。"

女医师点点头："我懂。但我所说的不是那种生活作息上的改变。我希望你去度个假，暂时告别女性这个角色。作为男性的秘书，你整日不辞劳苦地工作，承担来自上司的压力。而那充满男性光环的自我，也让你喘不过气来。你应该好好帮家里大扫除一番，好好吃顿饭，洗洗衣服。当朋友来探望你时，你总替他们精心准备菜肴，为了让他们度过一段快乐的时光，你无止境地燃烧自己。"

"但男孩子就喜欢这些呀！"

"我知道，"医生同意，"如你所见，我也是个女人。但是，告诉我，一名年轻男性会怎么做？他会让自己的雇主用无止境的琐事来烦自己吗？他愿意准备自己的餐点、洗自己的衣服、打扫自己家里吗？更重要的，他会愿意一直努力到深夜只为了让你隔天能开心吗？"

"我猜可能不会。"

"他当然不会。这是女人做事的方法。现在，我要你放个假，暂别女性的角色。每当你又忍不住想做些什么时，先问问自己年轻男性会怎么做，如果他们不会做这些，那你也不要做。"

这个小故事，就刊登在美国国内发行的一本杂志上。该篇故事的作者范妮·基尔伯尔尼，从来自圣地亚哥、奥古斯塔、缅因的女性口中听到了这个故事；这些女性分布的范围，甚至横跨了西雅图，直到圣奥古斯丁。有许多女性在看到这则关于自私的聪明建议后，着手去尝试，并写信向作者表达了自己的感激之情。

倘若我必须写一本书告诉年轻女性应该知道哪些事，我绝对会将这则非常棒的故事放进书里。每个家都应该阅读这篇故事。在基尔伯尔尼小姐的故事中，女主角发现自己的其中一名男性友人来她家，就只是为了吃东西，而她的老板之所以雇用她，则是因为她的效率。而她这套崭新的自我保护方法，不仅让她升上主管的职位，还因此赢得异性的心。

在最后一次也就是收到医师给予她建议的那次治疗以前，故事中的女主角总是委屈自己，而这么做也导致她的健康出了问题。而她后来之所以得以成功，是因为她开始懂得拒绝让自己被利用。尽管如此，她崭新的态度并不是一种追求自我满足的行为，更没有企图强迫别人接受自己的想法。她不过是单纯地拒绝那些显然有违她自尊心，以及社会上只要看女性不拒绝就会不断强迫其去做的卑微琐事罢了。

法国医生皮耶·贾内告诉我们，现代女性在权力与名望上的成就之所以低于男性，是因为她们被迫将自己的精力浪费在上千种琐事上。与男性相比，女性往往更需要学会自私的艺术。

不妨拿许多企业家在工作上所展现出来的全神贯注进行比较。他们以侍奉上帝的态度来侍奉工作，而其他人却必须替他们打理一切：家庭、朋友和员工。否则，他们的工作就无法完成。请想象一名作家在创作书籍时所必须拿出来的全神贯注。在他们文思泉涌的时刻，作家绝对不会容忍任何人的干扰。在努力奋斗的面前，生活也必须让步。

或者，想想看加里波第、马志尼和托尔斯泰对目标所投注的热诚，还有聚精会神地将自己才华展现的瓦格纳、歌德和罗丹。有任何人可以干扰他们创作吗？他们生活周遭的人，都是为了帮助他们而存在。否则，能有这么多美妙的音乐、戏剧或雕塑诞生吗？

当一个人致力于追求人生使命时，全神贯注是他们应该享有的权利。而我们也无须畏惧成功，有些人总在成功的机会出现时，吓得转身逃跑。他们似乎觉得追求权力和成功是背离心灵的举动，并下意识地将失败和善良联结在一起。

这个世界上有不敢坚定表达自己想法的男性，也有不愿意承认自身魅力的女性。只因为有人告诉他们，这么做才符合无私。难道在上帝的旨意下，我们就只能将无趣的女人、唯命是从的男人作为自己的人生目标？

真正高尚的无私，是鼓励我们去展现自己的魅力，并赋予个人特质存在的权利。在其指导下，我们得以学会与人相处的艺术，以及作为一名有趣生物的技巧。我们根本不需要通过愚蠢且做作的"魅力""如何使人神魂颠倒""如何引起众人的注目""修炼魅惑的眼神""培养不可抗拒的人格"等相关课程，来习得这些能力。

关于魅力，有大把大把的噱头足以诱使任何人去参加贵格会的活动。全世界只有在美国这个地方，会有如此密集的商业活动围绕着"迷人之道"这一主题而生。也只有在那些养出头发灰白的老姑婆及严苛的清教徒的国度里，我们才需要去学习关于愉悦这件事，更不会有人试图训练销售员如何以傲慢的态度来诱使他人购物。

然而，尽管我们对魅力情感的商业化有一定程度的理解，但魅力确实为获得快乐的必要元素。只有我们，才能培养自己的个性。也只有我们，能试着帮助自己获得他人的认同与响应。透过反复的练习，我们才能成为此种更高尚自私的艺术家。当你学会如何触动他人心弦后，他们自然愿意关注你。

这并不是一个极难学成的技巧。在每个人的内心深处，都藏着些许孤独的情绪，渴望浪漫情感的慰藉。性感并不是什么惊天秘密。就如同总有人渴望安全感，也总有人能理解你在食、衣、住上的言行，并对此产生共鸣。我们渴望获得容身之地，而那些愿意帮助我们在社会上立足，并让我们得以站稳脚跟的人，在其面前，我们愿意让步。

自由是我们所有人的目标。金钱意味着满足；而那些让我们知道该如何获取富足的人，就是我们的良师益友。对于他人给予我们的友谊——无论是透过言语或行动，我们也同样心怀感激。如果他人带给我们快乐，让我们放松，使我们舒适，我们就会爱对方。倘若对方的情谊能让我们感觉安全，帮助我们远离危险，同时带来振奋并逐渐加深关系，那么我们就愿意视其为手足。他们协助我们做自己、表达自己。

当我们能给予周遭的人这些事物时，我们才能获得稳固的爱，而最神奇的地方就在于：尽管我们获得了这么多，却不是通过剥削他人来达成的。这也是为什么此种自私，就像是一种奇迹。

● KEEP IN MIND

真正高尚的自私，是鼓励我们去展现自己的魅力，并赋予个人特质存在的权利。

THE ART OF SELFISHNESS

人际关系 IV

22 / 终结孤单的方法

> **你傻傻地等着那幻想中的爱人现身,拯救你逃离孤独。但这个人永远不会出现,除非你学会触及他人的心。**
>
> ——练习认识新朋友的上班族女孩

卡罗琳·芬威放下手边的工作。到了达西百货即将关店的时间了。又是一个淹没在时装设计工作里的日子。不一会儿,她已经挤在那辆通往公寓的地铁车厢里了。很快地,她就会熬过那孤单的晚餐时光,然后让自己沉浸在另一本小说中。

在如纽约这样巨大的城市里,你每天都被成千上万名路人包围,人们为着自己的生活来来去去,笑着、忙着,却从来没有多花一秒钟看看你,这世上还有比这更孤独的荒漠吗?而人们对她的忽视,让她开始封闭自己。她就像是一只饱受惊吓的兔子,蹑手蹑脚地钻进自己那孤单的小窝。

日子已经这样长达数个月了,而她不知道该怎么样去改变。对她而言,结交朋友尤其是判断哪些人才是适合自己的,简直是一个难以克服的困难。在经历了大学四年的学习后,她到底获得了什么样的能力?对于养活自己这件事所带来的阴郁和痛苦,她的准备又是多么不足!

但最糟的还不止这些。至少到了晚上,她还能借由阅读一段又一段的罗曼史所带来的兴奋来逃避这些痛苦。只要故事不结束,她就能全心全意地跟着女主角一起欢笑、一起忧愁。然而，合上书本后，独自一人躺在孤单的床上，置身于黑暗中，这才是真正的恐怖。其他人也都有这些欲望吗？像是生理需求？她思索着。

被窗帘阻挡在外的冬日艳阳，在地板上留下块状的阴影。卡罗琳在布里斯太太那狭小的办公室里坐了一个小时。布里斯太太是达西公司的人事主管。她不知道该如何或为什么需要谈论那些关于自己的故事。她不太习惯谈论自己，永无止境的沉默向来是她的风格。

"如果你愿意让我帮你，我想我可以帮助你克服害羞的个性，告诉你该如何交朋友。"布里斯太太说道，"作为第一步，我希望你能报名艺术学校的夜间课程，放弃阅读那些爱情小说。对于处境像你这样的女孩来说，这些小说就像是毒品。你在这间百货公司的工作前景非常不错。我很期待见到你被晋升到广告部门的管理层。但这个职位需要你在绘图与色彩方面下更多功夫。此外，最重要的，是让你在晚上有外出的活动。

"参加课程、上教会、加入健行社，或去那些人们会聚集的地方，是年轻人交新朋友的方式。但你要做的不只是这些。如果你不够自私、无法让自己成为一个有活力的个体，那么你很难被其他人爱。你是否经常听到人们说：'噢，她真的是一个非常善良的人，但说真的，你知道的——她真的太无聊了。'没有搭配胡椒或一点其他调味品的盐巴，是多么乏味啊！我根本无法想象一道只用盐巴去调味的菜。然而，有许多人却要求我们接受这样的情况。他们期待我们为他们的纯白无瑕而感动。我不喜欢这些人，也总会远离他们，而我的行为是非常合情合理的。

"学会不要去在意别人眼中的你。你必须先学会和自己相处，才能与人相处。**人们想获得你的情谊，并不是出于对你自身利益的考虑，而是为了他们自己。**有些人为了让你觉得自己不过是个可怜虫而说谎骗你，他们也有可能告诉你自己是多么地爱你、多希望与你在一起。如果你相信了这些人，你最好去做个智力测验。他人之所以愿意为你的人生创造价值，是因为你也让他们的人生变得更有价值。只要你能给予他们看重的事物，就不用担心对方不愿意为你付出。"

卡罗琳接受了建议，去参加了社交聚会。当她为此感谢布里斯太太时，布里斯太太这样反问："不然你觉得人事经理存在的目的为何？"

是的，她终于突破障碍了。最奇妙的地方就在于：想要受到男性的欢迎，首先你需要知道该如何去倾听。

"多数的男人都很自大，"布里斯太太曾经这么对她说，"他们并不想知道太多关于你的事，他们希望能谈论自己。要是你忧虑自己该说些什么，那就太傻了。只要温柔可人地望着他们，并问些问题就可以了。他们只想要你那可爱的注意力，亲爱的。"

这太奇怪了，卡罗琳想着。获得成功人际关系的方法居然如此简单。她现在终于看清了，长久以来为着孤单而郁郁寡欢的她，总是用忧愁来面对他人，直到对方因此落荒而逃。在她开始采用布里斯太太所谓的"交友秘诀"后，情况完全改变了。

"人与人接触是一门艺术，亲爱的，长久以来接触到无数困扰的我，也学到了一个如铁一般的定理，"这位睿智的女士说，"要想达成什么样的目标，就必须以千百种的方式去练习，如此一来，你的愿望就能真的达成，这就是生命的法则。试着和百货公司里的其他女孩建立成功的关系，即便只是负责收银的女生。对着送报纸的男孩说一句鼓励的话，和在中央车站替你擦鞋的人聊天。一有机会，就展现出自己的友善。加入别人的话题。体会对方所说的内容。思索并试着感受对方的感受。沟通是人际关系的灵魂。唯有当你摆脱这层茧，你的人生才有机会展开。

"你之所以如此不善言辞，是因为你傻傻地等着那幻想中的爱人现身，拯救你逃离孤独。这个人永远不会出现的。你永远都找不到这个人，除非你学会如何去触及他人的心，并进入他们的生活圈。"

任何人只要误信了委曲求全，他就只能以不健全的方式活着。当他积极地去寻求自己在爱与快乐上的满足时，他才有机会遇到并获得满足。如同卡罗琳很快就发现的，此种寻求并不意味着我们必须窃取他人

The Art of
SELFISHNESS

所获得的满足。更确切地说,是透过让那些与自己互动的人获得快乐的方式,来让自己同样获得快乐。借由帮助他人摆脱非健全生活的行为,卡罗琳也能让自己收获满满。

● KEEP IN MIND

学会不要去在意别人眼中的你。你必须先学会和自己相处,才能与人相处。唯有当你摆脱这层茧,你的人生才有机会展开。

23 结婚对象的选择

> 只有在你觉得对方很美好的时候,才应该与那个人结婚。
>
> ——在两个男人之间为难的卡罗琳

一年过去了,卡罗琳·芬威用闷闷不乐的眼神,凝视着阴郁的黎明。此刻,她终于和自己长久以来不断渴望的恋人在一起了。然而,在这个她本以为自己终于得以绽放光芒的时刻,自己却陷入了苦恼。这期间,她获得了不少成就。艺术课不仅为她带来了恋爱,更让她获得了布里斯太太所预言的升职。她非常喜欢现在的工作,能透过广告尽情展现创意。当然,这份工作确实不是画画,但总有一天她会的。她的工作非常顺利。

而她此刻的问题非常明确。她到底该不该结婚?结婚会对她的工作造成什么样的影响?而在这两名看上去都非常喜欢自己的男人中,她到底该跟谁结婚?她是否爱他们其中一人?这两个人都希望能在夏天的时候和自己完婚,而她也必须承认,这世界上她最想做的事,就是结婚。性压力所引起的痛苦,让这件事变得如此诱人。一次又一次地,她终于屈服了,几乎就要去满足那骚动的渴望。

在那天下午过后,卡罗琳下意识地走进布里斯太太的办公室,但谈起自己的故事,她又羞愧了起来。

"我又回来了,"她起了个头,"但这次不是因为我交不到朋友的问

The Art of
SELFISHNESS

题。我想——大概是因为你给予我的帮助实在太有效了。我现在确实还算受欢迎,有两个男人都想要娶我。"

接着,她将自己的难处说了出来,并提及自己在无数个失眠的夜里想着:自己会不会做出错误的决定,嫁给自己并不爱的那个人。而这两名男子显然都热烈地爱着她。

"这不是很幸福吗?"布里斯太太如此评论。

卡罗琳很快地抬起头,试图找出话里的弦外之音,然而布里斯太太只是坦然地微笑地看着她。接着,布里斯太太对她说了一个关于车祸的故事,而在这个故事中,这两名男子都受了严重的伤。

布里斯太太说得如此活灵活现,导致卡罗琳忍不住双手紧握,坐在椅子上开始啜泣。"不,不,不要,千万不要。"她哭喊。

"这都不是真的,亲爱的。但你难道还不清楚自己会义无反顾地奔向哪一个人吗?那个你所爱的人?"

卡罗琳笃定地点点头:"我会跑向理查德。"

"这就对了,"布里斯太太继续说着,"爱并不是一件关于品格的事。聪明才智或物质财富都无法左右爱。这是一个关于契合度的抉择。我们会感受到一股奇怪的拉力,一种重力,我可以这么形容吗?就你的情况而言,摆脱害羞的你仍旧有一点点'恐男'的症状,你对男性以及自己对于他们的判断,抱持恐惧。你知道芬威克·艾特伍德是一个好人,聪明且有一定的成就。他是一名努力不懈且积极的追求者。然而理查德·斯壮才是你的真命天子,尽管相较之下他比较穷,且在才智上也没那么出众,但你能感受到他的温柔与包容力,你的心能感受到他的忠贞。"

"和他在一起时,我觉得非常安心。"卡罗琳附和道。

"这是其中一个再明确不过的征兆。"布里斯太太又说,"此刻,如果我追问这两名男子相较之下的个别优缺点,也没有什么意义。你可能会给我深思熟虑后的答案,而这些答案却可能反过来误导我们。因此,我只能利用一个想象的故事,想办法触及你内心深处的感受。这也是为

结婚对象的选择

什么我说了那个故事,让你们三个人经历了一场车祸事故,并让那两个男人都受了重伤。"

"你故事真的讲得太好了,我完全沉浸在故事里了,"卡罗琳说着,"就像我过去沉浸在那些小说中一样。但我立刻就知道自己不会冲向芬威克。但如果理查德发生了任何不幸,我觉得自己会承受不了。"

"如果你不嫁给他,你这一生都会像是这样。倘若你嫁给芬威克,你还是会继续和幻想中的理查德在一起,并因为猜想着他的处境而心碎。"

"你怎么这么聪明,知道可以通过这样的方法来察觉自己真正的想法!"卡罗琳赞叹道。

"这无关聪明才智,亲爱的,这只是训练而已。我们现在知道要想洞悉每个问题背后的秘密,就必须让人们去想象一个问题、一个犹如真实人生事件的情境问题。除此之外,这个人必须认真且客观地去思考。借由让你全神贯注地投入到这个故事里,我就能达成此两个目标。"

倘若关于该如何面对人生难题,我们只能给出一则建议,那么这则建议将会是:去幻想一段体验。让抽象变得真实。在虚构的行动中注入情感。**借由想象将自己的想法具象化,并依此来测试真实的想法。**

卡罗琳之所以会有这样的烦恼,是因为她没有深入探讨,只是纯粹地担心着自己的爱情难题。她理智地列出芬威克·艾特伍德的诱人优点,并以此去衡量理查德·斯壮。她压抑自己因为出于对理查德的爱而萌生的性吸引力。除此之外,芬威克也确实是一名热烈的追求者。卡罗琳现在终于想清楚了,芬威克的自信源自他在金钱上的余裕,而理查德之所以踌躇不前,是因为他不断想着自己能否让卡罗琳享有他认为她应该享有的一切。

许多人会因为那愚昧的无私想法,而被充满占有欲的行为所蒙蔽,认为自己真的坠入爱河。被人爱着,似乎就像是在告诉我们,在恋人的眼里,我们的人格特质、无私与美德是确实存在的。接着,我们让步了、我们结婚了,而你心知肚明故事会如何进行下去。这太常见了。

The Art of
SELFISHNESS

永远不要因为别人爱你，就跟对方结婚。这个理由不仅不正当，有时甚至还很糟。如果他的占有欲和嫉妒心很强，就代表他根本不爱你，他只是想要得到你。他想借由拥有你的行为，来膨胀自己的自尊。让你像个奴隶能让他获得力量。如果你满足了他的贪婪，你的余生都将为此后悔。占有欲和嫉妒不过是具侵略性的兽性、穴居时代的遗留物。

只有在你觉得对方很美好的时候，才应该与其结婚。不要因为你愿意为他牺牲或渴望占有对方而去结婚，只有在爱着的时候，我们才论及婚嫁。当邪恶的双生子——自我否定与占有欲，入侵人与人的关系时，地狱就会降临，而爱将夺门而出。如果你因为自我牺牲的想法决定结婚，那么你永远都会挑到全宇宙中最烂的对象，因其反映着你最大限度的自我否定。事实上，爱的法则也证明了将自我否定作为一种生活态度是多么愚蠢的行为。放弃并忽视自己的直觉与原始欲望，只会让婚姻被糟蹋。如果不是因为心中那鲜活且真诚的爱而选择踏入婚姻，一切都将是一种纯粹的亵渎。

永远不要为了取悦他人，而接受婚姻生活。这么做是对爱的玷污，就算你们的婚姻最后并没有以离婚收场（尽管应该如此）。在未来的某一天或某一处，你们对于追求伴侣的真实感受终将浮现，并让这段妥协下的感情陷入困境。永远不要让爱被其他人的命运所左右，否则你将心生怨怼，并摧毁那个让你获得浪漫幸福机会的人。无论是父亲、母亲、儿子、女儿，还有——是的——丈夫与妻子，请和他人分享你因为得到爱所享有的一切。追寻并走向你的爱，但请不要轻率地这么做，请等到你和人生都已经做好准备。在你看清这一切之前，不要轻举妄动。

更重要的，永远不要和一个无法对你好的人结婚，也不要跟一个无法被你视为恋人更不想成为其恋人（即便在婚姻的约束下）的对象结婚。经常有男人会因为必须担起责任而去娶对方，但如果他无法在这段关系中找到认同，那么最终他也将失去整段关系。如果他被这段伪伴侣的关系淹没，因为对方将自身的问题丢给他而不得不成为尽责的奴隶，或社会强迫他成为一名无力的家计承担者，那么最终，这名男子将只剩下一个空洞的躯壳。

关于爱，有一个基本法则："做你自己——无论何时何地。"从现在开始就这么做，而这也是你唯一的保护。不要为了赢得任何人的芳心而违背自己的意愿，因为就算这么做了，也只会为你带来麻烦。而并不喜欢你真实本性的她或他，最终也将因为真相浮出水面而暗自对你抱持怨恨。

永远不要变成婚姻伴侣的附属品。保有自己思维上的价值观，不要隐藏本性的渴望。永远不要让任何一个男人将你的身心禁锢在家里，也永远不要让一个女人用长长的枷锁将你束缚在那个以家为名的囚牢里。生命才该是你的归属，也唯有当你的伴侣不再以占有你的心态拥有你时，你才能真的属于他。

此外，也不要忘了成熟的原则。那些在20岁出头就结婚、各方面都还处于发展阶段的人（没有人能在这个年纪就真的成熟），更要想清楚这个问题。夫妻双方都还在成长，我们真正且极为重要的，不是去思考"他喜欢什么"，而是"他会变成怎么样的一个人？他会选择什么样的道路？他会如何成长？25年后的他会是怎么样的？"

他用着跟你一样的方式在逐渐成熟吗？你是否能且愿意一起成熟？如果你的答案是肯定的，你们就能在一起。如果你的答案是否定的，那么本性将会迫使你们走向离婚。在思考一段婚姻时，关于进步的态度是绝对必要的。此外，这么做也能让你免于落入完美主义的陷阱。如果你用期望对方在90岁时拥有的一切条件来要求并看待眼前的伴侣，这将是最荒谬不过的事。29岁的他不可能拥有那样的温柔、智慧和同理心。唯有岁月的洗礼才能让人具备成熟的美。

如果你的爱人愿意朝这样的方向前进，那么恭喜你。如果你的伴侣用着和你一样的方式、拥有和你一样的价值观、说着与你一样的心灵语言，那就太棒了。但当你喜欢宁静、对方却喜欢吵闹，你喜欢博物馆、对方却只喜欢彻夜狂欢时,绝对不要和他结婚。尽管此刻喊停让你心碎,但失去眼前这份爱的痛,也绝对比在经历了几年的假面婚姻后,从睡梦中醒来的你突然醒悟自己根本不曾把握住这段婚姻来得轻。

当我们在爱上面妥协时,我们将否定甚至摧毁自己与生命间最基本的关系。更严重的是,我们将成为对方生命中的阻碍。我们的相伴或依赖,也只是一种霸占。此种自我放任违背了亲密关系的基本精神。当婚姻沦为一场漫长的自我满足、只是为了实现你一时心血来潮的渴望时,这场婚姻将失去我们试图在人生旅途中所追寻的生命力。

● KEEP IN MIND

关于爱,有一个基本法则:"做你自己——无论何时何地。"从现在开始就这么做,这也是你唯一的保护。

24 吸引力的艺术

> 对话的艺术其实很简单。以对方的角度来思考,哪些事情是对方会感兴趣的。
>
> ——以聪明的手段征服人心

"我们公司面临了危机,"他说,"而我的合伙人却将一切都怪到我头上。我是销售经理,但我们的产品根本不吸引人。"

"那你如何处理这样的困境?"

"我将所有的预算都拿去打广告,也和我们领域中的每一位批发商见面。我动用了一切销售关系,也打通了上上下下的门路,无论是高层还是酒鬼,对方也接受了我们的商品,但大众就是不买。"

"你们公司的产品是什么?"

"报摊贩售的糖果棒。"

"你是说那些速记员和档案管理员都对你们的产品视而不见?"

"就是这样。"

"你们商品的定价如何?"

"跟其他产品差不多。"

"大小呢?"

"真要说,应该还更大。"

"给我一些你们的糖果棒。"

他走了出去,过一会儿才回来。我伸手接过糖果棒。那是一个用绿

The Art of
SELFISHNESS

色防水油纸包装的糖果，上面印刷着密密麻麻的字体，写着买到第100份包装的人可以得到的奖品。那些字以黑色和蓝色的墨水印刷。你可以闻到墨水的油味。

"如果你把这个东西拿给一只猴子，它大概会立马扔掉。"我评论道。

"这产品可是用最高级且最纯的食材做成的。"对方大声抗议。

"就算如此，它还是会被扔掉。"

"到底为什么？"

"因为这绿色的包装看上去就像是有毒的烟草，或那种中了重金属毒的东西。这可是绿色的东西，暗示着危险的颜色。还有，墨水味闻起来太臭了。猴子才不会去关心里面是什么东西，我也是。它肯定会立刻扔掉，而我也不可能去买。这也是上班族一点儿都不喜欢这个产品的原因，你们包装商品的方式实在太不吸引人了。"

这段对话正发生在我那个朋友的敌对企业争相学习该如何将包装改为透明的、好让消费者可以直接看到自己究竟买了些什么产品的时代。我要他学学其他人的方法，在包装外头加上一条白色的束带，就如同固定餐巾的餐巾环般。不到一个月后，这间公司就脱离了危机。

这不过是一个很简单、其他竞争对手早已经使用的建议。尽管如此，人们和企业却总是因为没能依循最根本的原则而招致失败。

要想成功地吸引人，唯一的办法，就是以聪明的手段去触及对方追求利己（selfishness）的那一面。无论我们面对的是彻底的牺牲型理想主义者，还是冷酷无情的高利贷者，这都是不容争辩的真理。即便是一位近乎圣人般的慈善工作者，其在意的也只是你说的话是否和他的使命有关。他也希望在自己的职责内能取得成功。

智慧是欲望的满足剂。我们必须运用智慧来成就自己的欲望。只要忽视此点，我们就不可能把糖果——或你的想法推销出去。只要明白这个道理，你就能获得孩子甚至是太太（没错！）的合作。

说到底，倘若自保是驱使你一切行为的最大动机，那么和你相识的每个人，谁不是如此呢？想想对方的目标和需求，研究一下该如何让对方感觉更自在、更能实现能力。如此一来，你就无须担忧对方的反应了。

当一名小男孩希望玩伴能到自己家里玩时，他会直接跑去朋友的家里找对方。这就是充满智慧的行动。当你希望别人照你所想的去思考时，请先进入对方的大脑，找出那些你们可以产生共鸣的事物，再邀请对方听听你的提议。

但当你自己的思绪一团乱时，不要奢望对方会喜欢这个提议。唯有当我们彻底整理好自己的思绪，让复杂的事物看上去简单、暧昧的状况变得清晰，我们才有可能建立起理性的同伴情谊。我们必须用就连某些古板亲戚也能听懂的言语来表达自己，才有可能让自己被人理解。

一名科学家在自己的办公桌上放着一只泰迪熊。他总是试着用最直白的方式去表达自己的科学专业见解，确保即便是一只泰迪熊，也能理解并同意他的话。这就是一门艺术。

许多年前，我搭上了一辆通往东边城市的火车。这趟旅程共五个小时。在餐车里，有一名看上去像是外国人的男性乘客。我们开始聊天。我发现对方是一名厨师，在纽约一间顶级饭店工作。我们聊得不亦乐乎。他告诉我许多关于食物心理学的有趣事情，以及人们在饮食上的奇怪癖好。在回程的旅途上，我在卧铺车厢认识了另一名男子。他是牛群饲养协会的会长。他对我说着各式各样的牛类繁殖生物学，还有那些与人性格特点直接相关的故事。对话的艺术其实很简单——以对方的角度来思考，哪些事情是对方会感兴趣的。

成功对话的原则，就跟一篇优秀的报道一样：先从听者熟悉的事物开始说起，再逐渐转移到对方不熟悉的事物上。不要硬生生地将自己的言论直接扔向对方的脸上。耿直是失去锐利与思绪迟钝的征兆。请不要再将一大堆了不起的价值观塞在自己的言辞中，试着在对方相信的事物与你所想要表达的事物间，搭起一座桥梁，让对方得以触及你的想法。

许多对话在开始前，就已注定失败。有太多人都以为成功的讨论就是指出对方言论中的错误，而不是先去了解对方的说法或想法。

试着学会说："你的意思是……""这是你的想法吗？""让我用自己的方式重述一遍你的话，否则我有时候会搞不太清楚。"敞开心扉，愿意接受甚至去谈论对方的感受，以找出在对方恐惧下所隐藏的想法。但请绝对不要借由点出他人目的的方式，来羞辱对方。没有人会喜欢一个明知在场者不善言辞、自己却滔滔不绝像个关不上的水龙头般的人。"我知道你是这样想的，亲爱的，你只是不敢这么说"，这简直是迫使人犯下谋杀罪的最有效的理由。既然我们如此在乎自己的权利，那么当其他人也抱持着同样的想法时，绝对没有任何不对。

高强度说服的拥戴者，总是喋喋不休地谈论着该如何挑起别人的热情，就好像光是聆听就能刺激兴奋感产生一般。这是错误的观点。一个枯死的大脑无法孵育任何生机。你必须用自己的热忱去挑起他人的热情。让你激动的事物，或许也能让其他人激动。当我们努力让自己的生命发光发热时，势必能获得他人的回应。永远不要试图操控他人的热情。放过他的感受。相反，请释放自己的感觉，当两者能擦出明亮的火花时，对方的热情自然会跟上。

过去，当我的父亲想要说服其他人时，他就会告诉对方自己当初是怎么被说服的。他不会给对方施加任何压力，只是解释为什么对方的想法于自己而言很重要。就我记忆所及，他这招简直是攻无不克——即便对象是自己的家人。

许多撰写营销书籍的作家们，往往谈论着该如何留住别人的注意力。然而，这些论点不过是空谈。你不可能**留住**别人的注意力。你必须先找出对方的注意力在哪里，然后想好当你试图在对方分给你的注意力中带入自己的目标时，你希望对方如何去思考。如果我能向你证明某些在你眼中被视为必须付出代价的义务，其实是可以完全被抛弃的，且完全不会违背你的良心，那么我根本不需要依赖高强度的言语轰炸，就能获得你的注意。

要想让对方依你所期望的方式去行动,最好的方法就是移除其他人施加在其身上的全部压力,而你那和蔼的清除行为,将成为最强大的吸力。没有人会因为你理所当然的态度,就心甘情愿地对你亲切。他们更期望你在明确表示对方不需要为你做任何事的情况下,却依旧伸出双手。

在任何情况下,都不要强迫他人放弃自己选择的权利,更不要期望用那些对其自尊而言不具任何吸引力的手法,来留住他的注意力。志趣相投的诱惑,有时候比他的自尊更具有吸引力。

● KEEP IN MIND

当你希望别人照你的想法去思考时,请先进入对方的大脑,找出那些你们可以产生共鸣的事物,再邀请对方听听你的提议。

25 陷入危机的公司

> 如果你一开始不先输，之后就不可能赢。
> ——扭转劣势的领导智慧

几乎在每家公司里，都可以见到这种典型的私人办公室场景。

时间：11月，选举年。

角色：

  约翰·史坦迪斯，史坦迪斯器械公司的总裁

  杰克·史坦迪斯，儿子，副总裁

  麦克斯·福特，公司财务

  柯特·霍尔登，人事主管和店长

  伯特·比特曼，调查员

约翰·史坦迪斯站在自己办公室的窗前。他的面前是高耸的帝国大厦。阳光耀眼，但此刻，这名商人的心中只有一片黑暗。公司所面临的问题遮蔽了他眼前的美景，一切仿佛进入了阴郁的黑夜。

他的员工已经罢工数周了，在问题真正爆发前，就已经为公司带来了些许伤害。如果罢工持续下去，公司就要垮了。另一方面，不受员工罢工威胁的对手公司，正扬言要对史坦迪斯公司的产品发起攻击。

面对敌对公司的进攻，这名商人惶惶无助，而他甚至无法保证商品的出货。约翰·史坦迪斯走回办公桌前，神情憔悴。他正等着一份关于此次事件的报告。大街上的卖报男孩,正大声地喊着选举新闻。随着每一次的大吼,史坦迪斯的脸色就更为黯淡。他感觉那些受到政治趋势所鼓动的员工们,肯定不会让步,直到公司真的破产为止。

在一阵敲门声后,福特走了进来,身后还跟着比特曼。两人的神色严肃,但比特曼的眼神中带有一丝得意。

"状况还行?"史坦迪斯抬起头来焦虑地问,"你有什么新消息,你查到什么了?"

"我让比特曼跟你说吧。"福特疲惫地说。

"比特曼?为什么,怎么——"史坦迪斯的身躯向前倾。

"我们查清楚了所有情况,长官。"调查员回答,"这个问题从去年6月就开始了。在察觉到劳工问题后,你们的对手——史密斯波特器皿公司,在提名通过后不久就召开了董事会。席间,他们确认当前的市场已经太拥挤,或许无法容下两家公司,所以他们投票通过,要想办法弄垮你的公司。他们开始制造更便宜、外观看上去还可以、能以更低价格出售的商品,并在违反你们双方协议的情况下,私下给予经销商折扣,还每年给予销售员更高的提成。"

"我猜差不多就是这样。"史坦迪斯怒声说道。

"你知道在他们的工厂里,每位领班所收到的关于时薪的命令吗?"

"呃,大概吧,大概——"史坦迪斯模棱两可地响应。这个对于他商业敏锐度的质疑,无疑有些伤害他的自尊。"你是指他们给予员工更高的薪水吗?"

"不是——要是如此,他们早就上新闻了,你也就会知道了。史密斯波特的领班都保证今年绝对不会发起任何行动,而他们之所以如此配合,是因为——讲白点——他们又不会有什么损失,你懂的,如果你的工厂先倒的话。我觉得他们之中有些人已经预料到这里发生的事。"

"发生了什么事?你在指什么?"

"我是说舒瓦兹、欧斯比、班布沙和罢工委员会的成员,都是史密

The Art of
SELFISHNESS

斯波特的人,而且他们目前都还是该公司的员工。他们被派到这里来组织罢工,好让你的公司倒闭。这是一桩企业竞争阴谋。"

"我的老天,你可以证明吗?"史坦迪斯脸色阴沉地问道。

"是的,长官。我们已经掌握了全部事实。"

"你是指他们利用劳工骚动来达成自己的目的?"

"他们是这样以为的。"比特曼轻蔑地笑了,"他们可能会成为下一拨受害者,但至少是在你破产之后。"

杰克·史坦迪斯和柯特·霍尔登走进来。在老史坦迪斯转头过去和儿子打招呼的瞬间,他的脸上闪过一丝近似于不满的神色:

"你听到消息了?"

"是的,父亲,几个小时前。你记得我是怎么跟你说的。"

"我实在不敢相信,"史坦迪斯沮丧地说,"我自己的人。"

"也是你的敌人,父亲——无论是在现实中还是在思想上。"

"我不想听你那些理论。"

"我知道你不喜欢,但你必须接受——而且是立刻。"

"那些东西我一个字儿都不会信的。"

"那么你最好在情势将你击倒前,早早放弃算了。现在要赢只剩一条路。"

"哪条路?"福特问道。这家公司的财务眼神中流露出恐惧和愤怒,但他还是设法让自己看上去就像是之前那个拒绝接受警告的男子。

"聪明的自私,"年轻男子神采奕奕地说道,"在他过世之前,奥托·卡恩曾说他情愿保有自己 1/10 的财产,也好过于失去一切。他向我解释了自己的聪明自私法则。其内容包括了看清自己身处世界所发生的事,并根据当前不得不处理的情势,来挑选最合适的自保方法。他提醒我,尽管人们不会拒绝采用更新的生产方法来制造产品,但在雇用员工上,却时常拒绝改变;而这也是我们今天落入此困境的原因。"

杰克的父亲愤怒地起身:"我必须提醒你小心自己——"

"等一等，"麦克斯·福特介入，"现在责备你的孩子也于事无补。我们自己人之间绝对不能再闹翻了。你觉得是什么导致了这场罢工，杰克？"

"去问问霍尔登。他负责管理员工。"

"你怎么看，柯特？"

"因为大家心里有不满。"管理者回答。

"你居然敢这样说？"史坦迪斯怒吼，"你这个叛徒——"

"冷静，约翰，冷静。"福特将上司按回座位上，"霍尔登的人和心都和我们在同一阵线上，你明知道的。你认为他们会让步吗，柯特？"

"不可能的。"

"那我们玩完了。"福特呻吟。

"我们不会玩完的，只要我能让你和父亲利用一点点的常识，开始以这个时代的想法而不是你们父亲那一辈的想法去思考。"年轻的史坦迪斯再次站稳脚步，"你们有两件事情必须面对：一个是史密斯波特那群操弄着卑劣把戏的人，还有已经组织起来的罢工者。和两者同时为敌，你们只能全盘皆输。唯有和员工联手，我们才能打败外部敌人，赢得这场仗。你之前和保护主义者同一阵线，但他们出卖了你。你需要别人的忠诚。"

在整个讨论的过程中，调查员都坐在一旁听着，当他听到该公司年轻管理者的话语后，脸上那一丝微微的轻蔑消失了。他全神贯注地听着。福特看到了他脸上微妙的反应。

"你相信他这套，比特曼？"他开口问。

"他说得再正确不过了，论点简直无懈可击。你们不可能同时征服两大敌手。"

"我早就跟你说过了。"霍尔登静静地补充道。

"那么你会怎么做？"福特提问。

"重组，不仅仅是生产线必须现代化而已。"杰克·史坦迪斯大声说道，"如同一些公司那样，进行重组。让那些员工来这里。让他们有机

The Art of
SELFISHNESS

会参与公司的事务，介绍合作的办法。让我们的机械发挥应有的功能，光明正大地去击败史密斯波特的人。他们的崩溃势必降临，而我们会如同我们广告中对自家产品所宣称的那样强大。只要拿出我们产线一半的效率去管理员工，将没有人可以撼动我们。"

我们或许可以继续追踪这个戏剧化的故事，关心史坦迪斯器械公司该如何面对挑战、调整工时需求，但对我们而言，比起重组的细节，其最终结论里所隐藏着的原则更为重要。杰克·史坦迪斯努力地想让父亲接受的观点，并不是劳工权益的解放，更不是年轻世代在面对经济与社会问题上所使用的激进思维。这是人生的原则，也和所有的危机处理息息相关。

"聪明的自私。"奥托·卡恩这么称呼，而我恰巧明白这位睿智银行家的意思，因为就在他过世的几个礼拜前，他向我解释了自己的想法。我们大概不会称卡恩是一名革命家。他毫不隐瞒自己对如何保有资本力量的兴趣，而这也与他最熟悉的银行家人生密不可分。

卡恩只不过是一位非常务实的思想者，他明白调适的意义。他知道，有些时候，赢的代价就是输，或换另一种方式来说：如果你一开始不先输，之后就不可能赢。在面对如史坦迪斯器械公司这样的大危机之际，此种具建设性的不抵抗行动才是最正确的策略。

毕竟，杰克不过是恳求大家采取基本人格法则中的务实策略而已。该公司员工所争取的是不再妥协自己的权益，和一个更合理的工作环境；而此种抗争可以长达数年。我们必须明白，在人们获得自由之前，此种抗争是不会消停的。人也会永无止境地为自我做出的妥协据理力争。面对此种困境，唯有当我们学会放下自我满足、将注意力转移到共同利益和更聪明的合作行动上，问题才会有解决的一天。

下面为杰克解决问题方法的精髓简化版：

1. 给予员工公平待遇并不是一种基于道德观的行为，而是基于智慧。

2. 当一位出色的输家有时是获胜的必要条件，否则世界不会站在你这边。

3. 在一个团体中，如果你的好胜心并不是出于为团体考虑，那么团体也不会接受这种斗争。

4. 如果你能和其他人分享自己的私利，你就能保有利益。

5. 当你授予其他与你打交道的人在行动上的自由时，你也享有了行动的自由。

6. 出现怀疑时，不妨问问立场相反者的意见，了解对方认为当前最好的方法为何。

● Keep in mind

> 当一位出色的输家，有时是获胜的必要条件，否则世界不会站在你这边。

26 / 光有爱是不够的

> 善良在缺乏警觉性的智慧来保护并指导的情况下，只会被这个世界利用、奴役和禁锢。
> ——好好先生伯特总有一连串人生灾难

伯特·弗里德里克森的一生面临无数麻烦，问题总是接踵而来。但他似乎也不是会被归类为"咎由自取"的那种人。他既不贪婪，也不刻薄；当人们有求于他时，他也不会因此抱怨个不停。当然，他也不是那种神经兮兮的人，那种因为情绪敏感而使自己心烦意乱的类型。然而，麻烦就像是锁定了他。"善有善报"这个道理，在他身上完全不适用。

在伯特面对的人生大小困境中，这个道理真的行不通。这是一件很悲哀的事。此种人生难题有两个层面：一个是关于爱，另一个则是关于智慧。你确实可以当一个亲切、慷慨、和善、举止得当、乐于配合、勤勤恳恳和勇敢的人，但仍旧会失败——彻彻底底地失败——只要你使用的方法不对。

光有爱是不够的。爱需要它的好伙伴：智慧。无知可以让我们彻头彻尾地一路输下去。缺乏理解的爱，不可能赢。

有如此多善良的人终其一生相信，爱就是万能的，而这是一个多么大的悲剧。不幸的是，没有人能实时告诉他们，在缺乏警觉性的智慧来保护并指导的情况下，善良只会被这个世界利用、奴役和禁锢。力量是智慧之子，从爱而生。

"为什么从来没有人跟我说这件事？"弗里德里克森怒吼道。那是在某个午后，我和他一起坐着，而我正在解释导致他一切失败的原因。

"那是因为这个世界在思虑人类行为时，依旧抱持着太多的多愁善感。它并没有让生命摆脱道德领域，并回归至现实，依旧饱受旧时代思维的约束。当我们因为正直的良善而试图做好事时，我们将智慧放到了一旁，而这么做也导致我们终究无法逃脱委屈自己的下场。要想实现神奇公式或遵循人格法则，我们就必须去思考。我们需要判断力。如果我们任由多愁善感蒙蔽双眼，我们自然不可能成功。

"让我们花几分钟来检视你过去的思维是多么愚昧，你居然期待用爱，而不是智慧，来解决自己的困境。在仔细审视面临困境的你会做出何种行为后，我们会发现你一共犯了以下这些错误：

"你让不重要的事情分散了自己的注意力，只因为你担心其他人会怎么说你，害怕别人会觉得你太自私。

"你承担了别人因为自身困境所出现的情绪和感受：一种邪恶的无私同情心。

"你在看待自身处境时用了太多自己的道德偏见与框架，导致你渐渐地看不清问题本质，而这一切都是因为你不敢做自己。

"因为那些充满罪恶感的决定，你让过去的失败扭曲了眼前的问题，并用幼稚的角度来看待当前的困境，认为这些都是对你过去罪孽的惩罚。

"在面对问题时你放任自己情绪激动，因而无法冷静思考，并暗地里认为自己就是一个自私的人，这导致你的自我惩罚意识扭曲了理智。

"在评判事情和道德戒律上，你只有一套僵化的观点，而你让这些教条成为你在判断事情时的主宰，迫使自己用非正常的情绪手段来处理再明白不过的事实。

"你认为自己应该要完美，所以你过火地假装自己已经适应了。当你的理想主义失败时，你则变得愤世嫉俗和充满猜忌，然后又自我怀疑。而这也正是你总是试图证明自己从来都没错的原因。你没能保有超然或超脱的态度，反而总是将自己投射进去，让紧张束缚着你。

"如果你相信爱是需要智慧的，而个人发展也跟无私同等重要，那么你就会冷静思考，运用智慧，展现合理的行为举止。当你察觉眼前出现了难题时，你会思考这个问题所包含的事实与模式，直到自己能看清楚问题的整体样貌。接着，再根据你所观察到的一切迹象来深入厘清内部与外部的原因和影响，你也会试着审视主观的价值观、倾向、意向与暗示，将抽象事物具象化。

"最后，你应该将过去记忆中的所有事物聚集并联结起来，将每一件新事物与你过去的经验联结。如此一来，我们可以将这些事实简化成一种概念，这些记忆图像就能成为一种强大的工具，可用于找出每件事物背后所对应的动机；这也是我们所谓的'变量中的常量'。"

现在，你可以视这一大段为针对有条理、聪明思维的科学性描述，但只要你愿意去理解，这其实是一件非常简单的事。当然，当时的我不过是希望弗里德里克森先生在面对自己的困境时，运用此种思维，将自己视为一名化学家。他所身处的世界其实就跟实验室没什么两样，同样深受规则与原则的影响。如果你错误地混合两种化学物质，你只会引发爆炸或制作出毒药。如果你错误地和某些人打交道，你只会引起骚动或让事情一团乱。

大自然不会允许任何违背其原则的事物存在。自然给予充满爱却无知的人与充满恨却愚蠢的人的伤害是一样的。在任何情况下，我们都会因为错误而饱受折磨。没有人能因为自己立意良善就免于受责罚。不经思虑的顺从与人为教条无法拯救我们。投降才是唯一的办法：向生命的法则投降。

● **KEEP IN MIND**

光有爱是不够的。爱需要它的好伙伴：智慧。无知可以让我们彻头彻尾地一路输下去。缺乏理解的爱，不可能赢。

27 / 问题的衍生

> 不要相信别人所说的"这不会有多糟的",它就是有可能,而且总是如此。
>
> ——背负妻子一家重担的克拉伦斯

问题总是逐渐追上我们的。当克拉伦斯·华森因为太太的要求而屈服、让自己的小舅子法兰克进入公司时,他的行为看似再简单不过了。而当他们安排葛瑞丝的母亲来跟他们同住时,他也没想到这居然是如此致命的一步。毕竟,讲真的,这些都是很自然不过的事。很少有人会拒绝一个母亲希望多跟自己儿女相处的要求,克拉伦斯这么想着,尽管后来连他的小舅子都一起挤进了他们家。

在我们察觉之前,许多与我们相关或对我们不利的事情,早已透过千百种神不知鬼不觉的方式,逐渐酝酿着。一开始只是屈服在葛瑞丝的期望下,紧接着事情却在不知不觉中,一路发展到如今这般令克拉伦斯无力负担的处境,而他只能不眠不休地工作,并任由那脾气暴躁的女人毁掉自己的婚姻。

面对这样的压力,他已经无处可逃。而葛瑞丝在态度上,也没有任何明显的改变。她对丈夫的爱随着丈夫的重担越来越重,却越来越少;之所以减少,是因为丈夫为自己亲戚做得越多,就代表着能为她做得越少。

你是否曾经注意过此种令人疑惑的矛盾:那些为其他人燃烧自己的

人，却往往会失去那些接受其牺牲者的爱？这不仅仅是一件事实，也是一条法则的体现。人们之所以爱我们，就是因为我们的本质。当我们因为对方施加在我们身上的重担而渐渐失去自我时，对方会不自觉地责怪我们因为这些重担而失去了本来的魅力。

尽管如此，我们之中鲜少有人能在情况发展至最糟之前，就开始担忧。在那个时候，我们还不认为这会是一个问题。唯有当我们发现自己已经被吞噬后，危机才爆发。而要想摆脱这些困境，就意味着我们必须否定那打从一开始就会导致我们惹上这些麻烦的思维。

克拉伦斯该怎么做，才能让自己脱离眼前的困境，同时不要引起岳母的怨恨、小舅子的仇视，还不会和妻子发生难堪而激烈的争吵呢？又倘若他的"良心"依旧如此脆弱（就跟其他人一样被恐惧与病态思维挟持），那么当他试图改变自己当前的处境时，是否也意味着未来的他将会因为悔恨抑郁而终？

除了将人拒之于门外此种恩断义绝的恶性做法，在面对此种处境和成千上万种与克拉伦斯困境类似的事情上，我们还有其他做法吗？当我们为这些令人忧愁的困扰而痛苦时，我们一定要打从心底放弃一切关于此种传统的信念，好从此对那些喜欢管他人闲事并发表情绪性言论的人免疫。

唯有当我们察觉到批判者所带着的无知，并发现其所言的美德的空虚之处时，我们才能获得自由。

我们身上的麻烦之所以越滚越大，是因为我们的纵容，也是因为我们无法遵守健全的法则。那些在任何情况下都不会委屈自我的人，能在情况开始失控并喧宾夺主地抢走人生重心时，迅速察觉状况。而他的拒绝也绝对不是出于任性的骄傲或自我满足。他勇于抵抗，也勇于扭转问题的情势，确信自己的行为终将为所有人带来益处。自身的妥协只会无可避免地导致他人的妥协。

你和我被夹在两股邪恶势力之间。道德学家告诉我们那些只会招致毁灭且毫无实用价值的道德规范；谈着那些根本没有人能成功实践，或在接受后还可以保有独立思维的自我否定教条。而那些选择与此种苟且型无私背道而驰的人，展现着如同猎豹追击猎物般的侵略性，与颤抖的弱者形成截然不同的对比。

数世纪以来，我们一直只拥有一套可行的思维体系。在索然无味的圣人与残暴的征服者之间，没有任何一个中庸之道可供我们选择：要么活得如同彩绘玻璃上的圣人，要么成为原始兽类般的暴君。

在此种思想的掠夺下，我们的智慧变得支离破碎，导致情况更加严重。我们绝大多数的力量都被白白浪费掉。弗洛伊德及其追随者发表了许多以人类潜意识为题的著作。事实上，我们应该视此为一种压迫和退步，为这种过时传统与习俗中的无知给自己带来的压力，感到满心愧疚。

现代社会之所以会有如此多人患上精神疾病，就是因为他们的智慧不断向前，情绪却在后头苦苦拉扯。他们并不明白，关于腐败的根源可以一直追溯至法利赛人膜拜金牛犊（Golden Calf）的行为上。

人们也不明白，在那被人们误称为伟大的自虐式殉道行为中，并不存在着美德。倘若我们能让朋友与亲人为自己的人生负责、让对方凭借自身的知识与能力而活，那么我们人生中的许多压力将会消失。我们并不需要扛着他人而活，也不需一肩担起孩子、母亲或兄弟的人生责任。

生命远比任何人的想象来得宏观，也远比任何见解来得深刻，我们必须参透其中的奥秘。此种洞察力也需要与现实结合。生命要求我们和现实互动。这么做不在于背负悔恨，甚至压抑自己。经验能让我们更为机敏，从而让善良的、美好的事物，得以实现。

因此，在应对问题上，有七项极为重要的原则：

The Art of
SELFISHNESS

1. 不要试图做任何你或许无法完成的事。
2. 不要根据情况本身来判断自己的处境，请根据情况将会变成怎么样来判断。
3. 请记住，麻烦总是无声无息、蹑手蹑脚、令人难以置信地持续成长着。
4. 拥有足以看清事情可能会变得如何令人难以忍受的智慧。
5. 拥有勇气，在麻烦开始前就将其拒于门外。
6. 不要相信别人所说的"这不会有多糟的"，它就是有可能，且总是如此。
7. 当你发现身边的情况变得越来越麻烦时，要拥有脱身的勇气——**而且是立刻**。如果你任意纵容，情况只会变得越来越糟，直到难以承受。

每个人和每件事都有临界点，你也一样。总有一天，你将再也无法忍受那些使你心怀愤怒的人或事。无论是谁或是什么：妻子、姐妹、母亲、父亲、丈夫、伴侣、老板、时间、邻居、工作、拥挤的群众或恼人的访客，只要对方惹恼你的速度远超过你所能消化掉的速度，总有一天你会来到临界点并爆发。既然此种爆发是无可避免的，那么我们是不是应该在自己崩溃前，就开始改变、搬出去、搬回来、放弃，或要求某些亲戚离去？

唯有当我们制造出此种"心理上的关键时刻"，我们才能摆脱一切拉扯，使自己恢复原样。因循苟且的心态只会带来失败。生活这门艺术的诀窍，绝大部分与机智敏锐有关。生活充满了机会，就像一条由各式各样小机会汇流而成的溪水。某些时间是美好的，某些时刻是重要的，我们必须将所有小事件汇集起来，使其变成一件显著而重要的大事件。当我们能如同懂得拟定战略的将军般，规划好自己的心理时刻，我们就能主动出击，而不是被动地等待这些时刻的降临。

如果你因为自身的道德观而不敢用刚毅的态度去面对困境，那么毫无疑问地，你应该也很习惯于让别人替你的行为找借口。是的，当你为了不触怒母亲，而不敢挺身而出、娶自己深爱的女人时，一定会有许多生活在失望中的悲观主义者跟你说，你的牺牲是多么地崇高。

如果我们为了那些低于实践自我的目标而否定自己，那么我们就有罪。不妨想想，倘若耶稣为了满足家人的期待，否定自己在教化与治愈人类上的天赋能力，转而去帮家人盖房子，下场会是如何？此种类型的无私是纯粹的邪恶，却也是一种备受大众推崇与赞美的邪恶。

当我们如克拉伦斯·华森那样放任麻烦在自己身边滋生、壮大，我们是有罪的；但当我们拥有健全的人格，懂得从中脱身时，我们将不再是罪人。在社会上处处可见的自我牺牲中，最为卑劣的一点，就是对自我的不诚实。这些行为散发着浓郁的恶臭，而这股心灵上腥臭的来源，就是那腐败的自我主义。

自我忽视就像是一种自杀，也是摧毁一个人本性的第一步。此种心灵上的自我毁灭，往往比实际上被夺走性命更为可怕。就在某个地方，要求人们耐心等待的险恶邪说正在发酵，而身体的崩毁不过是整场牺牲的最后一道仪式罢了。

● Keep in mind

拥有智慧——足以看清事情可能会变得如何令人难以忍受。

拥有勇气——在麻烦开始前，就将其拒于门外。

28 / 谣言的应对

> 没有任何一种情况需要我们去妥协,只是我们误以为自己应该妥协罢了。
>
> ——面对流言蜚语的智慧与勇气

谣言是突显美德的工具,因为在谣言中,美德总是能受到额外的关注。谣言也是冰冷道德的武器,是过去那个将人们绑在刑柱上折磨的时代的遗留之物。如果我们畏惧谣言,谣言就会变成强大的利刃;如果我们不能看破谣言的本质,谣言就会霸占一席之地。

然而,我们没有办法建议他人应该如何正确地应对谣言,唯有当此人选择顺从本性,并将科学指引作为生活的方式时,一切才能有所转机。

倘若你爱上一名有夫之妇,你知道自己的行为有违社会伦理,因此明白自己或将陷入一连串的麻烦之中。倘若你是美利坚合众国联盟(Union League)的成员,但你为着劳工权益挺身而出。倘若你是美国革命女儿会(Daughters of the American Revolution)的一员,然而你主张和平。你住在一群宗教激进主义者之间,你的父亲也是宗教激进主义者,但你不是。只要你将那些对自己的批判放在心上,而不是将其视为杂音,你就无处可逃。我们所经历的每一件事物,都是一场考验着我们到底相信什么的试炼。

唯有发自内心的自由,才是自由。无论全世界的看法为何,只有抱持着置身事外的态度,我们才能获得保护。在应对处理一切麻烦时,行为的第一原则就是独立,此种独立不仅仅包括对于自身行为后果抱持超脱,更包括超脱于社会框架外的独立性。一旦缺乏此种态度,所有的建议(除了那些要你卑躬屈膝、接受一切团体意志的忠告外)都是无效的。

摆脱此种恼人困境的关键之处,就埋藏在实践真实自我的信念之中。如果你追随自己所信的、总是根据自己看待真理的标准来倾尽全力做到最好,那么没有人有权挑你的毛病。没有什么比这更诚实、更快乐的了。

玛蒂达·哈洛威住在一个总是弥漫着流言蜚语的小区里。然而谣言的焦点鲜少是关于她的。毕竟谣言又有何用?她根本不会为此烦心,而当一则谣言无法产生任何效果时,人们对其的兴致也会骤然消失。事实上,去给像玛蒂达这样的女强人编造谣言,根本是小瞧她了,她压根儿不在乎那些流言蜚语。

要想摆脱谣言的牵绊,首先你必须对爱嚼舌根者作出判断。如果你视这些人为过时的产物、以腐尸为食的秃鹰,那么你就可以轻易对着那些站在腐朽老木上的奸邪之辈露出微笑。对于那些意志脆弱的伙伴们,你心存同情,同情他们因为恐惧而不敢打破旧时代的陋习。你可以观察他们如何痛苦地面对社会上一点一滴的改变,却从未取得任何重大突破。融入周遭成为他们人生的头等大事。上教堂就该穿适当的衣服,而在教堂内传授的教义为何,根本不重要。新娘的头纱一定要符合规定的长度,至于你爱不爱所嫁之人,则是其次的问题。比起事实,他们更倾向于将注意力放在妄想上,乐于接受以文明为名的虚伪,并错误地称其为人生。当文化的保护色成为评判的标准时,他们才会假装自己也拥有类似的价值观。他们为着琐碎的小事奔忙,以繁文缛节来取代明辨是非的判断能力。

你也会发现,那些喜爱评判他人者,拥有最奸诈狡猾的道德观。你会发现改革者往往才是需要帮助的人,这也是为什么他们会期望能改善这个世界。当邪恶占据了一个人的内心时,比起挑自己的错误,他更喜欢去看别人的错。也正是基于这个原因,那些责备你的人,其实自己才

The Art of
SELFISHNESS

应该受到责备。他的谴责就像是承认了自己的罪恶般。当一名阿拉伯妓女改邪归正后,她央求警察逮捕所有的妓女;而她的心究竟有多么邪恶,就反映在她对自己昔日同伴的挞伐中。

恶意的制造源头,就埋藏在我们的记忆中。在幼年时期被迫夺走童贞的男子,会害怕女儿成为强暴的受害者。年轻时候喜欢手淫者,总是担忧着自己的儿子也会手淫。所有的责备就像是引导着过去罪恶感的索引卷标。这样的人总是喋喋不休地说着你该尽什么样的义务。在看到埋藏在可怕义务背后的真相之前,好人会选择静默。

那些爱嚼舌根者最引以为傲的诡计,就是将你所提出的每一条解决之道,都说成是"危险、极端和不道德"的举动。朱丽叶爱上罗密欧是"危险"的。对前一任国王而言,爱德华在乎穷人的福利是"极端"的。对他而言,爱上有夫之妇是"不道德"的。也因此,所有的懦夫及掠夺者都畏惧正直的爱和坦白的勇气。

小人希望你不幸。当你拥有快乐、展现能力且自由自在时,他们的痛苦又加剧了。他们喜欢听到命运是如何折磨你的。当你的自我受到伤害时,他们的自我就得到治愈。当我们信了他们那幼稚的言语时,我们的人生很有可能在一瞬间就走向毁灭。

你是否曾经注意到伪君子是多么喜爱设下道德的陷阱?他们熟知所有足以煽动情绪的狡猾手段。那些最狡猾的小偷,往往在教堂内或教堂外,都是道德戒律的大力推崇者。

对于良善之辈而言,吹毛求疵者身上那层总是再明显不过的自我伪装,就像是提醒我们赶快警觉起来的明灯。人们会依据你周围的人来评断你,当你和一群放纵自己沉溺于淫秽作品之中的人为伍时,人们便会认为你也是充满色欲的。

如果你用如同在宗教法庭上那些抱持着曲解教义的人所展现出来的愚昧,轻易去接受这些道德劝说,那么你也同样会去接受那些充斥在精神病院中的社会异象。当我们的脑袋中装满了这些妄念,我们就无法解决任何问题,而你也躲不开谣言的纠缠。

人们总是疾呼你应该接受自己所处地方与时代的道德观，因为这是你的义务。思想温顺的人总在不假思索下就轻易接受，或将自己的妥协正当化为一种"必要"。正直的人则没有办法在不反抗的情况下，轻易对外界的价值观低头。一名来自海岛的女孩，其父亲企图将她卖入妓院，倘若她是一个尽管忠于爱情、性格却无比温顺的女孩，那么她可能遭遇的下场将是毁灭性的。那些挥着自己所处社会道德旗帜的人，或许会说服女孩接受剥削、乖乖听话，以免惹祸上身。

视适应不良为社会的过失而不是自身人格错误的我们，会建议那名女孩勇敢地反抗周围要求她做的事，同时教导那名孩子去原谅父亲，尽管他无知地追随了族人们的做法。逃离家庭并抛弃过去曾经以为属于自己的义务，或许会让这名女孩悲伤，但这样的决定绝对不会摧毁她。

征服者总喜欢追求自我满足。放弃者甘愿做处境的奴隶。而抱持着无比清晰思维的我们，则选择有效率地去解决问题。当迷信介入了我们，我们就会失败。主宰我们生活的不应该是运气，而是超脱的思维。

能力确实是重要的，尤其当我们指的是明辨是非和忽视禁忌的能力时。能让我们获得胜利的智慧，不会是那些出于不敢做自己的恐惧。我们可以从普鲁涅斯给予莱阿提斯的建议里，学到极为重要的一点："你必须对自己忠实，且如同黑夜跟着白天般，唯有如此你才不致欺瞒他人。"

没有任何一种情况，需要我们去妥协，只是我们误以为自己应该妥协罢了。敢于鄙视此种对于我们本性的扭曲，或对我们正常成长的压抑，我们才能解决问题。

● Keep in mind

> 唯有发自内心的自由，才是自由。无论全世界的看法为何，你都能抱持着置身事外的态度，你才能获得保护。

29 / 婚姻难题

> 一个人的快乐,才是获得成功亲密关系的诀窍。
> 唯有当我们拒绝在婚姻中承受任何委屈,同时睿智地约束自己不去强迫伴侣,这段感情才能走向成功。
>
> ——婚内失恋的凯特

那是一个凯特最喜欢的冷冽而清醒的秋日。在这样的午后,金黄色的树叶会悄然无声地在她的脚边落下。她的步伐紧凑,思绪飞转。她或许可以跟芭芭拉谈谈,她真的需要跟人说说话。彼得实在太迟钝了。他总是只看事物的表面。对他而言,眼泪就只是眼泪。

婚姻危机猝不及防地缠上了凯特。早在许久之前,她就已经让自己全然适应了先生的不成熟。她已经习惯了先生那始终如一的粗心大意,和在性生活上的笨手笨脚。在他们蜜月的时候,那仅有的浪漫也早已消耗殆尽。她也可以应付先生对于海伦及玛莉的忽视。毕竟她怎么能期待一个父亲去了解那两个性格古怪、情感纤细的女孩呢!

真正让她崩溃的,是孤单。她回想起自己年轻的时候,生活中充满了音乐和有趣的对话。那个时候,日子总是被戏剧和美好的事物填满,看着有意思的表演,谈着有意思的书。戏称她为"高级知识分子"的彼得,总在她试图跟自己聊天时,打开收音机,放着爵士乐。

芭芭拉家中的热闹气氛,给了凯特些许安慰。她痛恨自己居然要用那悲惨的故事来毁掉这个愉快的午后,但就在她还没做好心理准备的时候,那单调乏味的故事早已脱口而出。

"我再也受不了了。"她如此总结。

聆听着故事的芭芭拉,时不时地会安慰她几句。但在听到这句话后,她开始说道:

"这对我来说当然早已不是新闻,亲爱的。吉姆跟我曾经讨论过这件事,但是我们从未对任何人说起。人们多数时候都能知道或隐约感受到自己朋友的婚姻状况。有些时候,他们知道问题的导火线。我相信你说的每一句话都是真的。彼得很不成熟,总是只看事物最表层的意义。他的工作榨干了他的一切精力。当他回家时,他只想着放松。"

"但他偏偏选择了最笨的方式,"凯特忍不住抱怨,"我永远都分不到他一半的注意力。他抱怨家庭开销,却从来不编排预算。当我表达自己遇到的困难时,他却只认为我在抱怨。"

"我猜,在你们大吵一架后,他往往会选择离开一个晚上之类的?"芭芭拉问道。

凯特沉默地点了点头:"我——我曾经以为他在外面有女人,但我想状况还没有走到那一步。"

"但是真的有,亲爱的。总是有其他的女人。"芭芭拉缓慢地回答。

在看到朋友眼中所迸出来的怒火后,她继续补充:"只不过就你的情况而言,她并不是一个有血有肉的女人。对于你自己的先生,你有你的想象。你想要一个全然了解你的人。彼得也会有自己对妻子的想象。他似乎和一个与自己想象中截然不同的女性结婚了。现在,他并不打算拯救这段婚姻。他正在让自己变成一个麻木的丈夫。"

"但是芭芭拉,他总是期待我拥有跟他一样的想法和感受。他永远都不考虑我的渴望。"

"他应该要吗,凯特?"

"不应该吗?在维持婚姻上,我们难道还有其他方法吗?"

"不,当然不是。我的意思是,你为了维系整个家庭的和谐,放弃了所有与你先生兴趣相违的事物。你试着依照他的期待,去改变自己。

The Art of
SELFISHNESS

你牺牲了自己对音乐的痴迷、对戏剧的热爱，和那些文青朋友。"

"我这么做，错了吗？彼得觉得那些都太无聊了，我如果不放弃，就显得太自私了。"

"但看看现在的结果，连你也变得无趣了，而且更糟糕的是，连彼得都觉得你很无趣。过去，他是如此喜欢你，有时甚至愿意为了你做些麻烦事。他认为你是如此迷人。现在，他变了。也许现在他还没有其他女人，那些女人都只存在他的幻想中。但他迟早会的，如果你的内在继续枯萎的话。你所使用的自我贬抑，永远无法解决婚姻问题，只会毁掉婚姻。"

"你是说，我应该做那些自己爱做的事？"

"你和彼得订婚的时候，你不是经常做着那些事吗？"

"是呀，为什么这样问？"

"而那时候的他不是很爱你吗？"

"他简直是痴迷。"

"那么答案不就出来了？不要再把自己硬塞进你脑中'彼得理想太太'的模板里。再次变回那个活泼、热爱生命的凯特。然后看看事情会有什么样的改变。彼得并没有如你所想的那样无可救药或愚钝。有需要的话，他也可以变得很有趣。"

突然间，凯特抬起了头，盯着自己的朋友。"他跟你谈过了吗，芭芭拉？"她问道。

"所有男人都会对着愿意聆听自己的女人开口。你先试着变回过去那个凯特，看看他会有什么反应。"

一个月后，彼得·巴尼斯踏着男孩般轻快的步伐，从通勤的火车上跳了下来。他不知道该怎么表达，但最近的生活就是变得有意思了。在他严重抗议凯特近期经常参与活动后，两人间的话题就一直绕着这个转。是的，现在所有的议题都是关于凯特的。不知怎么着，她不太一样了，该说不一样吗？因为她感觉只是变回了过去的凯特，那个他在大学时期深深为之疯狂的凯特。她的脸颊上挂着并不是腮红所能带来的明亮，眼睛里更闪烁着如同拥有什么甜蜜小秘密般的光芒。更重要的是，她的幽默感又回来了,那种如过去般总是奋勇向前的不怕死的诙谐。肯定有某些事发生了。

几个礼拜后,凯特又去找了芭芭拉。

"亲爱的,"她兴奋地叫着,"倘若你是因为身为社会工作者才学到这些婚姻智慧,那么我真的要大力推荐所有的妻子都去从事社会工作。尽管这些或许如你所说的,只是心理学,但这对我来说真的太新鲜了。现在,我终于明白你说的,一个人的快乐,才是获得成功亲密关系的诀窍。如果连你自己都不快乐,又怎么可能让伴侣快乐。如果你为着愚蠢的妥协而使自己受苦,你又怎么能快乐起来。不可能,亲爱的,我已经不再是家中那个尽职的女仆,如病态的女佣般辛勤工作并等着主人回家。有时候我会在家,有时候我不在。但只要我在,我就会是一个有血有肉的女人,而不是一个灵魂枯死的妻子。我自然也没有太得寸进尺,我还是做了许多他喜欢的事,但这也是因为现在的我更满足,自然有做这些事的余裕。"

唯有当我们拒绝在婚姻中承受任何委屈,同时睿智地约束自己不能强迫伴侣时,这段感情才能走向成功。我们必须对共同经历的失败有着最细腻的理解,然后去适应,然而此举并不意味着势必走向个人的压抑。与所有关系相比,婚姻需要最多的合作,也是互助精神的最强大实现。快乐的婚姻不允许欠缺考虑的忽视和自我满足。**你不能放纵自己随心所欲**。你不能蜷缩到自己内心的世界里,或隐藏所有不悦。你所做的每件事,都必须以两人的幸福为出发点。

对于这样的状况,有一个原则是凯特过去没能把握的。我们的性格之中带有一种节奏,而这个节奏就跟日与夜一般,是绝对明确的。有成千上万的人因为没能找到这种节奏,而心怀怨怼。无论我们有多爱自己的伴侣,仍旧不可能时时刻刻都将焦点放在对方身上。无论工作能带来多大的乐趣,我们也不可能将全部的注意力都放在成就上。我们将永远在色欲和理性思维之间来回摆荡。

The Art of
SELFISHNESS

此种交替是基于生理学的，也是最自然的现象。当然，也包括了心理层面。其对女性本能的影响，就如同其对男性本能的影响一样深。人们常说的"爱情是男人生命中的一部分，却是女人生命的全部"，根本是无稽之谈。当女人精力充沛地追求着自己的目标时，她们就跟男人一样，爱情也只占了生命的部分。我们的祖先用家务劳动和养儿育女的监牢，将女人囚禁起来。他们希望女人的存在只是为了自己。在这样的厄运下，女人病了，并且枯萎。社会规范让女人唯命是从，也强迫她们变成最贫乏与无趣的生物！

一个希望获得现代女性热切响应的男性，必须接受她的生命力就跟自己一样强烈，她不一定会因为他充满欲望就同样欲火焚身，也不一定能在他忙于工作时也干脆让自己投入到工作中。她跟他是一样的，没办法做到时时刻刻的奉献。有些时候是亲密的，有些时候是消极的。

只要我们花一些心力去研究并寻找此种节奏的协调性，就能获得大大的和谐。只要你愿意，就能找到伴侣的节奏，并协助自己去适应他的律动。

当伴侣双方都有这样的共识时，就可以取得节奏上的平衡，而爱与成就也能获得全心全意浪漫的灌注，和充满活力的拓展。在婚姻中，我们应该将自私的艺术展现得淋漓尽致。唯有懂得保护自身魅力与趣味者，才能带给伴侣快乐。

● KEEP IN MIND

在婚姻中，我们应该将自私的艺术展现得淋漓尽致。唯有懂得保护自我魅力与趣味的人，才能带给伴侣快乐。

30 借酒浇愁

> 人们之所以会借由酒精来抚慰被迫妥协的现实，是因为他们还不明白，自我放纵永远不会得到任何好处。
>
> ——寻求生活慰藉的尤金

在担任了几年的记者和一段时间的旅行推销员后，尤金努力地让自己打入了广告界。他天生就善于喝酒交际，但也不至于太过头。在他结婚后，妻子亨莉艾塔的姑姑普希拉，就搬过来和他们同住。她是一个态度强硬，同时又很敏感的人。为了她，他们搬到了郊区一个昂贵的小区里。你曾经在一小片刺荨麻丛里看见一只无毛狗吗？尤金是真心喜欢枫叶庄的生活。

他们的生活方式，让他无法再像过去那样，去加拿大的森林度假。现在的他只能站在市中心，遥想着自己曾经身处在大自然中的美好记忆。现在，他负担不起那样的享受。他曾经幻想着有一天能搬到农庄，尽情享受野外生活的乐趣，而如今这个梦想离他越来越远。辛苦工作的日子，似乎看不见尽头。

没有人——即便是他的太太——曾考虑过他的需求。他难道不是一个尽责的一家之主吗？亨莉艾塔跟普希拉过得很满足。她们能享受自己的俱乐部生活、午后的桥牌时光和夏日花园等典型的美国悠闲生活。你猜想这或许就是相当普遍的情况。

The Art of
SELFISHNESS

我们的故事在一间律师办公室里开始。亨莉艾塔来找约翰·克雷格,请他替自己安排分居。她再也受不了了。她希望尤金能将枫叶庄的房子留给自己,要不然她也可以带着孩子去佛罗里达生活。只要他能将一半的收入给她,并给予普希拉姑姑固定的零花钱,她就能活得好好的。你瞧,这个状况很典型。没有人能期望像亨莉艾塔这样出身良好、性格纤弱的女性,接受一个酒鬼在身边。不,当然不能。

就在此刻,我们的故事出现了一个令人惊讶的转变。约翰·克雷格和亨莉艾塔的看法完全不同。他问了亨莉艾塔一些事,发现在排除了姑姑普希拉和喜爱枫叶庄那幢房子的表象后,她心底依旧住着一名陷在爱里的女子。她不知不觉地爱着尤金。

约翰决定尽自己所能,尝试拯救这段婚姻。为了做到此点,他必须让亨莉艾塔去思考:对尤金而言,他们的生活是怎么样的。他必须让那个犹如病恹恹的蜗牛、死命攀着他们的普希拉姑姑搬出去。但需要做的还不只这些。身为有经验的过来人,他察觉到了整起事件的核心:亨莉艾塔麻木了,她对于任何亲密关系都无法提起兴致,还会因为客人、俱乐部、小孩、邻居、购物和成千上万种被视为"必需"的事情而分心。

克雷格试着让亨莉艾塔了解尤金之所以会出现酗酒习惯,不仅仅是因为他想要逃离这个无趣的生活,更因为酒精能抚慰他了无生趣的性生活。他问她,她是否考虑过那个在办公室里日操夜劳的尤金,又是否意识到自己是如何利用他养家糊口的能力,来成就自己美好的母亲形象的。

克雷格让她理解,对于这样一个花了数年才换来成功的男人,其在性行为方面可能不会太出色。有许多时候,他们会因为疲惫与困惑,而不采取主动。他解释,数年来尤金一直压抑自己,唯有直率的爱和性欲方面的刺激,才能将他从此种自我压抑的状态中释放出来。要想挽回这段婚姻,她就必须重新夺回被酒精占据的吸引力,并让尤金跟自己在一起时能充分感受到振奋与喜悦。倘若失败了,她也必须意识到是她对生活的需求导致尤金出现这样的状况。

我们不需要听接下来的讨论。在亨莉艾塔还和尤金在一起的时候，她坚持让自己成为对方的监护人：她掌管了他的金钱、替他将薪资支票兑现，并限制他的开销。在鸡尾酒派对上，她总是像只焦虑的母鸡般，跟在尤金后头监视着他。然而事实上，她的行为太过分了。

要想帮助尤金，她应该反过来替他寻找情绪的宣泄口，改变两人的生活，搬离枫叶庄，打发普希拉姑姑走，减少开销，规划一个更贴近尤金期望的未来生活。此外，更重要的，是让两人的性生活出现突破性的改变，提升自己对丈夫的响应。对亨莉艾塔来说，这每一件事都是一个考验。尽管如此，她还是全部做到了。

"喝醉酒的欢愉感，非常近似于性高潮的狂喜。"克雷格用着老父亲般的态度向她解释，"当我们能透过亲密关系来获得喜悦时，那可悲的替代品就失去存在的意义。"

确实，在某些案例中，也有出现身体对于酒精的依赖性已经严重到不得不求助于医疗帮助的情况。内分泌紊乱可能会导致大问题。但一般而言，治疗酗酒的方法应从改变自己与生活的关系开始。人们之所以会借由酒来抚慰被迫妥协的现实，是因为他们还不明白自我放纵永远不会得到任何好处。最终，自我满足只会摧毁一切的满足，夺走那些能让我们体现满足感的知觉反应。忽视此点的男人与女人们，往往为了逃离以下事物，而依赖此种慰藉：

- 态度负面的妻子或丈夫。
- 爱干涉他人的亲戚。
- 不幸福的家庭。
- 性生活失调。
- 作风夸大的家庭。
- 父母的支配。

- 不当的责备。
- 隐藏性的罪恶感。
- 严重的恐惧症。
- 不公平的人或工作关系。
- 丢脸的情况。
- 因亲密关系而导致的伤害。
- 傲慢的伙伴。
- 失调的问题。
- 缺乏积极性的社交意愿。
- 坚持孤单。

我们很有可能以各种方式，遇上这些问题。光是其中一件，就足以导致这样的情况。然而，只要家庭或当事人配合，问题就能获得改正。爱抱怨的丈夫与妻子必须面对自己的坏习惯。我们可以确保自己的生活远离爱干涉人的亲戚。只要你有这个意愿，你也可以离开那不幸的家庭。当问题的根源消失后，"酗酒问题"就能解决。

● KEEP IN MIND

治疗酗酒，从改变自己与生活的关系开始。

31 性生活失调

> 期望伴侣知道你的感受，自己却从不向对方解释，是不正确的行为。
>
> ——男人在婚姻中的一大烦恼

男人最常犯的一个错误，就是误以为妻子的性欲天生不如男性那样强烈。许多婚姻就因为这样的误解而破碎。男人说不希望因为自己的需求而表现出"自私"的样子。这太荒谬了。只以满足他人为目的的亲密关系，其本质就如同性交易。

成功的性关系所追求的不应该是自我满足，而是双方的共同体验。贪婪的色欲只会破坏其所追求的愉悦。弗洛伊德称此种自私，就像是"在阴道里自慰"——这是多么贴切的描述啊。另一方面，任何为着"夫妻义务"而演戏、委屈自己的行为，也都只是无比低俗的举动。

女人的性欲比男人低，绝对不是事实。她们甚至更为激烈。然而，女人的天性让她们较为被动，而不是主动。当她们受到刺激时，往往也能很快产生热情。

我们经常能听到男人说着自己的"性生活问题"，就好像那些问题无解般。他们描述女人像是一个"谜"，她们的行事作风"很奇怪"。只要他们一日不摆脱这荒谬的想法，婚姻这张床所能带来的愉悦就会降到最低。法国人有一句非常精辟的俗谚："没有冷漠的女人，只有笨拙的男人。"那些不快乐的丈夫们所面临的问题，就出在自己身上。他们太

The Art of
SELFISHNESS

笨拙了。

与人生所面临的所有问题相比，只要我们拿出同理心、决心和智慧，性生活的不满足真的算不上难解的习题（尽管多数人都认为这个习题无解）。关于这一议题，市面上已有许多不错的书籍。如果有问题，不妨去阅读看看；不仅仅是阅读，请好好研究一番。但请不要预期自己能如改装车子般，以为只要按图索骥，就一定会成功。这个世界上并不存在百分之百能挑起女性欲火的秘诀或成功守则。处理这个问题就有点像是刷牙，实在没有所谓的绝佳之道。

事实上，笨拙丈夫的最大问题，就出在那过于随性且粗手粗脚的行为。唯有追求，才能让我们得到爱。此种追求必须是持续的，且60岁的追求甚至应该比16岁来得猛烈。没有一劳永逸的办法，能让我们永远留住浪漫——除了那温柔、能引起共鸣的奉献：兴趣、注意力和艺术性的表达手段。是的，我用了"艺术性"这个词。

艺术并非总是别扭的。我必须重申一次，我所推荐的这些书也有可能在你身上不适用。只要你不能自然地运用，一切的建议都无法奏效，还可能会让情况变得更糟；又或者如果你只是呆板地按部就班或用看说明书的态度去实践，这个建议也绝对不会成功。不要将它们视作一种方法来学习。让它们更像是一种充满活力的表达。去感受它们，让你自己和它们融为一体。让它们成为潜意识的模式，不要刻意去做，让它们自然而然地发生，直到你感觉自己就好像一直以来都是个艺术家。

每一位丈夫所能获得的最好建议，就是对那几个典型的性经验困境有更深入的了解。关于这些困境的起因及因应之道，详情如下：

艾佛雷特正透过窗户，目不转睛地盯着温妮弗里德。单方面的渴望，就如同他在亲密关系上的遭遇。他认为此刻的自己，爱温妮弗里德更甚于妻子。他对这名年轻女子的了解不深。她不过是他的幻想对象——逃离那压抑性生活的出口。

几天之后，艾佛雷特出现在沃伦医生的办公室，表示自己不太舒服；他的鼠蹊部有点疼、反胃，还睡不着。他描述了妻子的神经紧张和易怒个性。她简直是最受欢迎的女主角。医生聆听着，并理解了他的情况。渐渐地，他越说越多，连关于温妮弗里德的幻想都说了出来。

沃伦医生知道温妮弗里德这个人，也知道她对性事的保守程度，简直胜芬尼20倍。他理解就如同情绪有问题者，更容易被情绪有问题者吸引般；在性行为上表现不出色的男子，往往也会选择性冷淡的女子作为幻想对象。他让艾佛雷特面对问题，并跟他解释，为什么他情愿让一尊大理石雕像来取代太太。除此之外，他也教导他在亲昵行为方面的正确步骤，和那些以此为题的书籍所提到的撩拨情欲的方法。

另一场戏，就开始在凌晨三点半。确切而言，托马斯和狄奥多拉·康拉德并没有处在争吵中，只是像往常般进行着永无止境的争辩，而这些争辩甚至吞噬了他们的亲密时光。而造成此种情况的原因，可能会让他们相当意外，因为两人都不知道成功的亲密关系必须建立在日常的友好上。没有什么比情感受到伤害更能让一个女子迅速冷却或让男性无能。摧毁婚姻关系的最大杀手，就是吹毛求疵、抱怨、指责和坏脾气。愤怒就像一把能切断所有性欲的利刃。

当然，在任何婚姻危机中，男人往往要负起更多的责任。发生在吉拉德和霍坦丝·韦尔斯夫妻间的问题，全在于吉拉德无法让妻子不被"家庭琐事"分心。她的所有注意力都用在了家务杂事、满足孩子跟岳父的需求上。吉拉德觉得自己不过是那些家务事的附属品。但他又做了哪些努力，好将妻子的注意力拉回到自己身上？而他那因为后天培养所导致的羞怯性格，又让他能做什么努力呢？吉拉德非常害羞。在母亲教养他的过程中，性被视为一件——简单来说，不应该经常挂在嘴边的事。

每当有人直接、大胆且坦白地说起这件事时，他就会立刻脸红。就本性而言，他也是情欲之神的儿子。他也希望自己的胸膛拥有浓密的毛发，或拥有超越常人的性能力。

综观整个美国，如今依旧残存了许多清教徒般的思维。不久之前，

The Art of
SELFISHNESS

某家报社刊载了以下这则新闻：

> 没有任何一个人会在内布拉斯加的新闻报纸上，读到内布拉斯加的妇女已经准备好生育孩子这样的新闻。在我们这纯洁的内布拉斯加氛围下，此种类型的刊物只会被视为一种下流的存在。

这全是谎言。内布拉斯加非常善于做这些事。有什么比这则新闻更能阐述伪善呢？正如同压抑会挑起放荡，将道德伦理放在嘴边的人，也往往更容易惹上不伦的关系。放荡者与老古板，其本质上是同源的。

人们往往没有有机会能窥探到他人的内心，因此很少人知道，自己在性行为中的表现往往和自己看上去是相反的。举例来说，下面就是吉拉德那被家务占据、犹如雕像一般冰冷的年轻太太霍坦丝内心的剖析。近乎侵略型的性幻想深深困扰着她。她总喜欢幻想自己生在一个史前时代，一个在性关系上没有任何约束的时代。她幻想着自己展现出如同母狮子般的英勇，穿越原始森林。接着，以胜过所有猫类的性感诱惑，换得自己渴望的满足。然而，在日常生活里，她的行为举止总是一本正经。

倘若吉拉德了解了情况，放下自己的害羞和妻子的拘谨，并以持续、热烈且娴熟的表现，向太太表达自己的爱意，被家务占据全部心力的问题不就能因此消失吗？但吉拉德不敢这么做。难道他不够聪明？难道他应该否定自己的渴望？

关于牺牲，存在着某些最容易让人冷却且不愉快的本质。为了避免面对事实和因为失望而导致的愤怒，人们将自己从"血肉之躯"中抽离，成为飘荡的灵魂，让自己住在一个热情发挥不了任何力量的国度中。站在山顶上的他们，在面对问题时，就如同看着山脚下的农人追逐牲畜般。

此种抽离感，让女性在亲密关系中无法得到任何一丝满足，并因此使她们变得冷淡。有太多女性已经习惯于将自己的真实情感抽离，或许只有精力充沛的男性才能拯救她们。有太多时候，她们爱的方式是通过反射——当男人对着自己微笑时去微笑，获得付出的时候去付出。而此种追求一致的奉献，在男性给予的热情够强烈时，或许她们也能仿制出热情。但请不要被欺骗，一面镜子是没有任何温度的。

简而言之，如果你在这方面未曾接受过任何指导，下面几点事项，是我们可以透过性教育书籍所学习到的重点：

- 长时间的温柔而激烈行为，是取得成功性关系的重要因素。
- 婚前的自渎行为并不会成为婚姻失败的导火线，但愚蠢的罪恶感却有可能。
- 当女性没能体验到同等的满足感时，严重的焦虑将影响到她的健康。
- 如果一名女性永远处于被动情况，是不正常的。
- 在性行为上，酗酒所造成的影响是非常严重的。过量的酒精会破坏性行为的能力。过快的进展和问题一直未能解决的长期关系都会产生伤害。
- 暂时性或长期性的阳痿，都有治疗的办法，你的责任是去寻找解决之道。
- 我们可以找到许多关于亲密的肢体触碰能如何挽救一段不成功婚姻的论述。
- 将个人性格彻底抹杀的无私，只会摧毁性生活。
- 墨守成规的人将是你最差劲的咨询对象。
- 永远不要批评或责备亲密伴侣在性行为中的表现，除非你的目的是伤害这段关系。我们真正需要的是同理心和帮助。
- 如果你摧毁了伴侣的自信，他就无法改变局面。
- 当你在性行为上没能获得满足时，绝对不要表现出傲慢或闭口不谈。坦白是必要的。请一直维持沟通，直到问题被排除。
- 期望伴侣知道你的感受、自己却从不向对方解释，是不正确的行为。
- 当你说话时，不要摆出高高在上的姿态，这不是现代男人／女人该

The Art of
SELFISHNESS

有的表现。

- 如果你将性生活视为自己的权利，你就错了。永远不要将另一半视为你的所有物。
- 不要让女性的眼泪吓到你。这是她缓解焦虑和紧张的方法。
- 如果你强行想改善一段性关系，很有可能只会使状况变得更糟。
- 请记得，人不可能同时受两种情绪支配；在恐惧和愤怒面前，性欲会立刻退缩。不要替这两种情绪找借口，爱就有可能回到你们之间。
- 强烈的触觉刺激只能透过培养来获得。越去想象自己变得敏感和反应强烈，你的神经就越能配合你。
- 只有在排除一切无关的思绪和感受后，勃起才能充分。不要在这个时刻谈论当天发生的事情。情绪上的专注是取得成功的关键。
- 有半数的性行为问题，可追溯至父母对其婚姻伴侣的举动所带来的影响。试着在亲密时刻以外的时间里，以具备同理心的谈话来排除这些因素。
- 如果你因为自己的性欲感到羞愧，那么你只会囚禁自己的欲望。表现出如同圣母玛利亚般冰清玉洁，内心却期望像个妓女般，只会对你的身心带来毁灭性的影响，这跟道貌岸然的衣冠禽兽一样糟糕。
- 如果我们能透过日常生活培养出更多共鸣，那么在性行为中就能收获更多。
- 一个男人在完全成熟前，是不可能成为永久的爱人的。情绪成熟是非常必要的。在发展自己的感受上，一般男性往往需要一般女性的协助。一般来说，男性会在出于抗拒或自尊心过强的情况下，拒绝接受帮助。他将自己所做出来的傻事全都怪到妻子身上。
- 每一个笨拙的丈夫，都有一个性冷淡的妻子。就连说话语调这样的细节，都是展现魅力的一环。即便是最冰冷的金属，也抗拒不了磁力。古人则使用了麝香和香水，并对服装相当讲究。假如你

性生活失调

不想花时间使用香氛,请至少确保不要出现不好的气味。
- 如果你学不会在亲密关系中使用眼神来向对方诉说情意,你的话语将永远不会产生作用。
- 在你的行为中一定要包括敏感带的爱抚,否则热情无法有效传递。
- 女性的性欲是有周期性的,而男性的技巧就在摸清楚性欲何时出现,以及该如何挑起性欲。
- 接吻所隐藏的技巧,就跟作画一样丰富。缺乏技巧只会显得笨拙。
- 无论我们多频繁地讨论这些事,请记得依旧维持些许神秘感,并请慎选和你讨论的对象。不假思索地在众人面前讨论性事,就像是随意发生关系般,会对你那神秘的迷人魅力造成伤害。
- 不去维持生活中的浪漫气氛,就无法保有性行为的魅力。
- 日常性行为的目的,应该是让伴侣能交换彼此的爱意,而不是为了生儿育女——只不过人体的构造刚好能达成后者的目的罢了。
- 在关于性行为、动作、姿势和时间长短上,我们应尽可能地摄取大量信息。这也是医疗书籍存在的原因。但唯有努力保持自己的活力,这些信息才有可能发挥效果。让自己成为一个有趣、能够满足对方的性伴侣,这样的婚姻才会顺利。如果拘泥于丈夫或妻子的角色,只会破坏浪漫与性行为带来的喜悦。
- 性是最基本的需求。否认性需求,会让一个人成为社会的问题。不适当的性行为会对他人造成伤害。
- 性是一种相互关系。永远不要贪婪地去予取予求。带着优越感去看待性关系,是对伴侣的侮辱。
- 最重要的,请记得:白天的行为将影响你当天晚上在亲密互动上能否成功。如果你将伴侣视为奴隶,以残忍、不关心、不尊重、不亲切的态度对待他,那么你在亲密关系中获得的回应将降至最低。
- 倘若你对陌生人的态度比对亲密伴侣的态度还要好,那么你最爱的或许是自己,接着是陌生人,最后……你也许根本不爱伴侣。
- 无论在何种情况下都请记得,为了成功的性生活而努力改变,绝对不是一种淫荡的行为。就算你的伴侣非常压抑,这依旧是你的特权。

● KEEP IN MIND

如果不去维持生活中的浪漫气氛,就无法保有性行为的魅力。

THE ART OF SELFISHNESS

人生低潮

V

32 / 如何避免自杀

> 在某个时刻、某些情况下,我们将会赢得胜利。因此,我们的首要任务就是先战胜此刻。
>
> ——生命终有重拾欢乐的一天

倘若你与生命的关系完全是在他人的影响下所建立的,那么这样的生命关系将会受人性本能中所带有的缺陷的威胁。如果你最基本的情感是通过社交得来,那么该团体中的每一种流行、每一次挫败,以及降临在他人身上的所有事情,都可能左右着你。只有当我们和大自然的事物、地球上的实体——如动物、树、矿物或无机物,建立起某种程度上的联系时,我们的生命才能得以安心立足。

这样的人,没有任何事物能打倒他。化学家、工程师、植物学家、探险家,在遇到困境时并不会选择自我了断——只要他们与这些占据生命首要地位的事物的关系为真。在避免自杀这件事上,最重要的一步就是"回归自然",但这可不是要我们多愁善感地返璞归真,而是要我们运用现代科学的智慧,去探究真实。

一旦缺乏此种最基本的联结,生命中的每一种价值都会面临威胁。让我们一起看看生命中的困境,是如何让一名男子的生活沦为悲剧的。让我们姑且称这名在股票交易所担任经纪人、最终夺走自己性命的男主角为法兰克·杜瑞尔。新闻报道说这是一起肇因于事业困境的自杀:他

The Art of
SELFISHNESS

融资买了股票，但赔光了钱。他必须卖掉自己的游艇和金碧辉煌的豪宅。人们说，他是金融市场的受害者。但事实真是如此吗？如果是，为什么其他和他一样经历过金融危机的人，没有选择走上这条路？

绝大多数的股票经纪人会戏谑地告诉你，他们这个职业的名称真是取得太贴切了。在股票经纪人的职业生涯中，大概会经历六到八次"破产"。但他们绝对不会绝望，因为他们确信自己会"东山再起"。调查发现，在自杀的案例中，仅有极低比例与财务危机有关，个人适应不良才是最主要的导因。

在杜瑞尔还很小的时候，他就是一个容易紧张和激动的人。他的母亲是如此宠溺他，让他对于自己的判断总是有着异常的自信。是的，他确实很聪明，这是不可否认的。但高智商是一回事，缜密的思维又是另外一回事。杜瑞尔热切地相信着自己的聪明才智，思绪总是跳得飞快，并凭借冲动做决定。在他那 22 年的工作经验里，他简直是活在疯狂的状态下：疯狂地买进、卖出、花钱、玩乐。

对他而言，只有金钱才是真的。他的眼里没有大自然的美、艺术的神秘、音乐的磅礴。他没有时间看书。他唯一能满足太太的一件事，就是掏钱。如果你跟他说他病了，他一定会是第一个跳出来反驳你的人，因为他认为胃痛、重感冒才叫病。

只要市场不断上扬，他就能成功。但当失败降临时，他的生活就变得支离破碎。对他而言，再也没有任何事情是重要的了。他被巨大的无助感包围，心底充满了苦涩的愤世嫉俗。他认为挣回自己的地位和财富，不值得他去努力；但没有了这些事物，他什么也不剩。对于这样一个男人而言，还有什么能让他的生命重拾欢快呢？你能明白他为什么放弃挣扎吗？

尽管如此，让他厌倦的到底是生命，还是社会？蓝天、太阳和雨滴，真的就那么糟？难道凭自己能力从事这份工作并经历了高潮迭起的冒险，就真的如此不愉快？明明他也总是相信自己必须过着某种生活，并接受外在和社会条件加诸他身上的命运。

倘若他能减轻工作职责和婚姻需求的负担、摆脱社会的迷信和愚蠢的教条、摧毁伪神对其思维的宰制，他还会觉得这件事有这么痛苦吗？到底是什么让他如此沮丧？如果他能勇敢地去探索生命，愉快地舍弃自己一直以来奉为圭臬的疯狂教条与愚蠢作风，他还会想要自杀吗？

毁灭性环境的压制、为着错误的责任心而被疯狂的义务所束缚，都会让我们的灵魂因为不自由而愤怒。自杀是抑郁症的极致展现，而导致抑郁的原因往往肇因于生活无法被满足所积累出的愤怒，因此我们可以发现自杀这件事背后所埋藏的报复意味。自杀者企图惩罚世界和那些身处在同个世界并和自己有着亲密情感联系的人，因为他认为这是使自己不快乐的原因。

在此情况下的自杀，就成为一种自我满足的行动。自杀者宣泄不快乐的手法，就跟闹脾气的孩子很像，认为如果不毁灭自己，他就必须向现实妥协。因此，他们选择结束自己的生命，而没有选择解脱。

此种情绪混乱会造成生理上的衰弱与疾病、使血液中出现有害物质，并让器官运作变迟缓。我们也可以发现内分泌系统（尤其是脑下垂体）会因此出现失调症状。对此种症状进行明智的治疗，确实有"救治"成功的可能。

在抑郁的症状中，神经紧绷的特征也相当显著。自杀经常发生在数次的紧绷之后。我们或许可以视其为暂时性的精神错乱，且紧张的强度已经强烈到在大脑中扎下了根。如果抑郁者知道该如何放松并等待，那么这阵冲动就会过去。

在所有导致自杀的原因中，神经质的情绪化是最为重要的一个。生活期望的落空和性关系不满足所导致的迷惘，则像是催化剂。但由于它们经常躲在经济崩溃、对现实经验感到失望等表象原因之下，所以人们会忽视其在悲剧中所扮演的角色。

那些考虑着自杀的人，必须仔细思考以下这些事物是如何蒙蔽了

The Art of
SELFISHNESS

自己：

- 可治愈的隐疾。
- 内外分泌腺体的失调，导致沮丧和抑郁。
- 迟早会过去的神经紧绷。
- 可改善的精神状态。
- 可改变的经济状况。
- 因为道德妄念而导致的理智混淆。
- 其他情况导致的精神压抑。

我们无法脱离宇宙法则而存在。宇宙法则告诉我们，在某个时刻、某些情况下，我们会赢得胜利。因此，我们的首要任务，就是先战胜此刻。

抑郁的人们需要高强度的精神疏通，以协助自己摆脱：

- 暗藏的报复心。
- 对义务有不正确的理解。
- 隐藏性的意志消沉。
- 经年累月的绝望感。
- 不合理的内疚感。
- 不成熟的寻死心。
- 不必要的惯性担忧。

在任何情况下，当你认为生命已经进展到你必须告诉自己"不能再这样下去了"时，请明白你其实只是认为（尽管你还没察觉）当前的人际关系和情况不能再继续下去了。与其断送自己的生命，不如干脆去度个假。抛下一切压力，进入一个崭新的环境，去看看大溪地或萨摩亚。

和纯真的人交朋友,并学习该如何与"原始部落"的人相处。既然如此,何不接受天性给你的建议?

请记得罗伯特·刘易斯·史蒂文森曾经说过的:

无论是谁,都可以背负沉沉的重担,直至黑夜降临;无论是谁,都可以守着极其艰难的工作岗位,挨过一日;无论是谁,都能在惬意、满足、充满爱而又纯粹的生活中,迎接夕阳。这才是生命的真谛。

● KEEP IN MIND

我们本能上知道,自己拥有快乐的权利。既然如此,何不接受天性给你的建议?

33 心烦意乱

> 在生命可能遭遇到的所有困难中,被称为"自私"的诅咒是最常见的。
>
> ——埋藏在内心深处的恐惧

你肯定好奇为什么我们能如此肯定,对自私的恐惧是导致生命被严重侵蚀的原因;而我又为什么坚持摆脱此种普遍流行的疯狂是解决多数人生难题的关键。我可以告诉你,我们之所以能得出这一结论,不仅仅是因为我们从成千上万个生命故事中学习了,更是因为我们经过了**测试**。

许多人认为,问题和一个人的心智生活没什么关系。他们觉得一个人的思维框架,不会影响他所遇上的麻烦类型。金钱问题,是关于财务的;商业问题,则基于交易;一个家庭的幸福与否,要视其成员能否不愁吃、穿、住而定。就这么简单,任何正常人都不会否定这些想法。但此种唯物主义的推论观点,忽视了一个人的思维方式会对问题的核心关键产生误解。

我们面对生命的态度,决定了我们是一名思考者还是执行者。任何对我们心灵的伤害,都会进而损害我们的力量。多数被我们视为客观存在的问题,事实上都是主观且个人的。我们最大的问题,就出在自己身上。或者,换句话说:如果不去掉我们眼中的梁木,我们又怎能拍掉生活惹来的尘埃?

现在,有非常多人在情绪波动不安时,会寻求心理医生的帮助。让我们一起来想象现代咨询中最常出现的对话内容。

高尔特先生心情糟透了。"我真的很不快乐，"他如此表示，"我提心吊胆到精疲力竭。我睡不好。医生跟我说，我的身体没有半点毛病。不知道你是否能帮助我减缓来自妻子和儿女给我的压力。我在家里简直无法喘口气。"

"你被这样的情况困扰多久了？"心理医生问。

"噢，打从我一结婚就开始了。"高尔特回答。

然而，让他惊讶的是，医生并没有继续追问他的家庭状况，反而递给他一份印刷出来的测验，要求他完成。医生要他阅读并仔细思考每一个词语，并在那些让他萌生出焦虑感、担心或恐惧的字词下面画线，根据自己所感受到的痛苦强度，用弱、中等强度、强、剧烈或极端来分别标示。完成后，高尔特将测验交回到医生手上，并注意到对方对那些被标示为"极端"的词汇，格外留心。

让高尔特先生感到痛苦的词汇有：恐惧、自私、邪恶、家、死亡、罪恶感、梦、晚上、未来、人们、失败、贫穷、后悔、自杀、丢脸、记忆、错误、脆弱、沮丧、孤单、紧张、不确定、无助和气馁。几分钟后，心理医生转身对高尔特说：

"作为出发点，请先完整浏览这份清单。这张单子聚集了与各种困难相关的词汇。举例来说，你所标示的词汇可能展现出你在金钱、伴侣、妻子性格、邻居或朋友关系上所出现的焦虑，也可能表达出自己在社交场合中的尴尬或性生活上的不协调，甚至是酗酒问题。

"而你所勾选的词汇，显示了你在自私、罪恶感和死亡上，产生疑虑。你挑出来的感受为不安、不确定和无助，这暗示了你对未来的焦虑；你甚至畏惧自杀。测验的内容告诉我们，你所感受到的压力，并不是来自家庭生活。你的问题出在你身上。人们总是将错推到那些挑起自己心底不安的表象事物上。"

显然，高尔特的生活实际上并没有太严重的失调，真正的问题出在他对自己的适应不良。那些被选出来的词汇则代表了他对自我所抱有的负面联想。

此外，他们也发现，高尔特完全不能容忍玫瑰的香气。每当他进入一个弥漫着玫瑰花香的空间时，他就会开始颤抖。在跳舞的时候，如果不小心碰到玫瑰香粉或香水，他的脸色会立刻刷白。他一直不明白这无害的花香到底为什么会让自己的情绪出现如此激烈的反应，直到医生进行了回溯性分析。

在一点一滴地仔细研究了过往经历后，他们发现，在小的时候，高尔特曾经在母亲开刀前被带到医院去探视母亲。在母亲病床旁的小桌上，放着一束香水玫瑰。他非常爱母亲，但两人的关系却也让他感到痛苦。在母亲卧病在床的很长一段时间里，只要他不小心发出一点儿声响，他的阿姨就会责备他是如此"自私"。没有人告诉这个小男孩，该如何发泄自己的精力。"自私的坏男孩"是他唯一得到的话语。最后，母亲在接受麻醉时死亡。他觉得自己害死了母亲，因而产生了内疚。而玫瑰香气与这个秘密藏在心底的伤口被关联在一起，它们就像是他受折磨的象征。

此种心灵上的扭曲，会影响我们与生命的自然关系。成千上万的心底埋藏着早年伤疤的人，挣扎着试图面对每天出现的问题。而解决问题的办法就是让他们自己摆脱那些不恰当的责备所导致的束缚。在生命可能遭遇到的所有祸害中，被称为"自私"的诅咒，是最常见的。

在所有用于找出我们无法正常运作的测试中，**"自由联想法"**能让我们获得最大量的信息。这是一种能将我们心底最强大的情感，翻至表面的方法。此方法能揭露那些埋藏在被我们称之为日常经验、表象情绪下的骚动核心。

海伦·修威特正企图使用此种方法。她坐在阳光逐渐消逝的阴影中。她的眼睛追着天空中的一只鸟。在她指引着手中的铅笔、以潦草的字迹依序写下词汇时，她时不时地会以漠然的眼神，盯着眼前那张纸。她试着将前一个词语使她联想起的下一个词语写下，如同作曲家追着旋律的启发般。她写着：鸟、笼子、监牢、家、鸟嘴、鸟、母亲、鼻音、愤怒、恨、可怕、西方、门、光、地平线、安全、孤单、亨利、死亡、离开、空虚、生活、诅咒、母亲、噢上帝！

我们还需要进一步解释这名女孩的苦涩经历是如何导致她陷在生活的挫败中的吗？根据这些词汇和顺序，我们还能猜到，海伦心爱的亨利在他那说话总是带着浓厚鼻音、尖酸刻薄的母亲的坚持下，被送往遥远的西方，导致两人被拆散，而男孩最终病倒并过世，让海伦的生命只剩下无尽的空虚和"快点，海伦。该上主日学了。琼斯太太的车子不能在门口停太久。快点换上那件灰色圆点洋装，这样看起来比较得体"。

我们往往在不明白昔日的情绪是如何持续扭曲我们的生活计划、约束我们的思维与行动时，就试图评判眼前的状况。

到底是生命辜负了海伦，还是海伦出于对自我的害怕，以及她那禁锢着一切正常冲动的道德恐惧，导致她的生活出现了问题？对海伦来说，为了那些被人们好听地称之为"义务"、实则只是被神格化的愚行，放弃和亨利愉快地生活在一起，就能让她获得快乐吗？倘若她当初嫁给了亨利，如今她和生命的关系又会是怎么样的呢？难道她不知道自己每天因为心智扭曲而遇到的种种困难，其背后的原因究竟是什么吗？难道她所受到的影响，并没有扭曲她的判断力吗？毁掉海伦生活的，不正是抗拒着想要嫁给亨利的欲望、认为欲望会让她变得邪恶的自己吗？

除了此种简单的联想过程外，其他类型的文字测试也能挖掘出我们在精神上的极限。其中一个被称为句子联想的方法，也能给我们极大的启发。个案会被带到一个安静的房间中，并以轻松的姿势坐着，眼睛盯着一处，让自己进入主观冥想状态，并将自己听到的内心声音记录下来。在那看似杂乱无章、毫无关联也并非刻意写下的文字中，将会不自觉地出现足以暴露个案想法且极具意义的句子。

今年50岁的班·安德鲁斯，正经历着难熬的男性更年期阶段，而他那异常波动的情绪也毫无意外地完全被误解了。他坐在窗边，一旁的桌子上放着蜡烛，烛火忽明忽灭。此时早已过了凌晨。刚被割下的干草气味，从树木后方飘了过来。在远处的黑暗里，四处传来"沙沙沙——"的声音，躁动不安地弥漫在空气中。

The Art of SELFISHNESS

被感受用力压挤出来的句子，以潦草到近乎难以被辨识的字体，一个一个地爬上笔记本书页。"我的人生就如同今夜：烦躁不安，内心漂泊不定。我无法停止。太黑了。已经黑了太久了——银行——时间——在银行的时间——就像是墓穴——地狱里的某些洞穴——黑暗——夜晚——无止境地重复。生命在嘲笑我，生命总是这样地嘲笑我。还有爱——呸！让我和蠕动的虫及荒野的猛兽一起躺下。桃花心木和八点半，和弗兰德用餐的地方；还有茱莉亚！肮脏！"

明天，他又会开始新的一天，再重复一连串的行为。在过去的某个日子里，他搬离了市中心：错误的家，错误的学校，错误的朋友，错误的工作，错误的婚姻；而现在，他必须背负着养育那两个愚蠢的儿子及举止怪异的妻子的重担，除此之外，什么事都不能做。而这悲凄的遭遇难道不会让他的心生病吗？

他为什么要继续忍受？他为什么不试着找出导致这一切不幸的源头，反而纠结于眼前的事？因为他害怕这么做就太自私了。他的头脑执着于大量的负面形象，并被异常的想法扭曲。

神经官能症是一种病态的妥协。人的自我会变得阴郁而难以控制，并害怕面对完整的自己。然而，其表现出的行为却总是以自我为中心，且就各方面而言，都违背了"不要追求自我满足"的概念。

● KEEP IN MIND

对于自私感到恐惧，对于展现或实践人性本能感到恐惧，对于活出自我感到恐惧，于是只能让自己、让爱、让生活妥协。

34 深入问题核心

> 导致我们生活陷入困境的,究竟是内在的精神问题,还是外在的环境问题? 答案是:两者皆非。
>
> ——面对升迁的大好机会,哈丁却犹豫不决

亨利·哈丁不知道该怎么办。当然,他可以选择退休。外面还有公司等着雇用他。他手上握有公司用数年的时间才使其臻于完美的配方。竞争对手绝对愿意不计代价,跟他买下这个配方。

但问题是,他有带走这项资产的权利吗? 即便他只是将配方记忆在脑中而已。不这么做应该比较有节操吧? 上级就是因为信赖他的正直,才让他掌握这珍贵无比的配方的。他该如何忘记自己所知道的事、跑到对手的公司去效力呢?

他当然做不到。然而,对方会期望他用尽全力,制作出与他脑中那个配方极为相似的产品。他该如何公平对待新公司? 而他现在的公司对他又公平了吗? 他们将他和家人送到了整个美国的另一端,却没有给他应有的待遇。他甚至必须卖掉自己的房子。他们这样不对。

亨利彻夜难眠,一遍又一遍地想着眼前面临的困境。

对于此类冲突,现代科学已有极多的了解。此种精神状态会导致其产生"矛盾心理"(ambivalence):思维与感受间的抵触。理智上,哈丁知道洲际染料公司拥有绝对的权利,将他送到加州。事实上,早在他最

The Art of
SELFISHNESS

初和公司签订雇用合约时,他就已经同意了此点。他也明白,这样的改变实质上是一种升职。

在理由上,他能理解,也很想去。但他对这件事的感受,又是另外一回事。自从他结婚以后,他从未远离过母亲。他自己并不想承认这件事。他可是一个拥有家庭的成年男子,要让他承认自己拥有某种情绪依恋是绝对不可能的。他也绝对不会将自己对熟悉的家庭环境及老朋友的依赖视为胆怯的举动。

被自我怀疑思绪占据的人们,往往会深陷在名为优柔寡断的迷宫中。优柔寡断能给予他们慰藉:在付出大量的努力、试图厘清眼前困境的伪装下,他们就能对那些威胁着自己的恐惧什么事也不去做。"我不能去,"前一分钟哈丁还这样告诉自己,下一秒钟他又打定主意,"但我必须去,这是毫无疑问的。"

让我们想象一下,隔天,这名满脸倦容的男子向一位专门处理此类问题的心理咨询师寻求协助。这名专家会从何处着手?我们是否可以想象对方使用"钻探技术"(gimlet technique),去质疑哈丁,迫使其发现导致当前此种僵局的原因。而我们是否可以进一步想象下面这两个再明白不过的处境:

A. 事实上,这名年轻的工程师获得了应得的拔擢,通过改变来提升自己的事业成就,而他的妻子儿女可能会因为这样的改变,稍微有点不便。

B. 事实上,他的情感会逃避这样的改变,只是单纯基于个人和某些心理因素,他让自己的思绪被情绪所阻碍。

"你受到非常多心理失常的影响,"心理咨询师会这么说,"我将其中几项列出来给你。第一个是'先入'(prior entry):一种技术性词汇,用来描述你脑中建立了一套固定的想法,导致你的思考无法有效运作。在你还是小男孩的时候,你就已经确信自己应该过着什么样的生活、做什么样的工作，而这些条件包括必须住在父母家附近。另外，你因为所谓的'融合'（fusion）而感受到罪恶感。你思考的重点，并不是搬去西部这件事本身。你将这件事和关于乡愁的感受完全混淆在一起。每当你试着思考实际行动，你就会因为此种被称为'无意识转移'的行为，让自己的注意力转而去想着那孤单的感受，以及远离朋友和当前家庭环境的恐惧。

"你建立了一系列的'提示中心'，就像是大脑里的唱片一样。每当你想要理性思考，这些唱片就开始播放。如果我将你那不断重复的心智程序制作成图表，将会看到每当你的抗拒心态开始躁动时，结论部分就会出现一般性错误警告。举例来说，上司让你愤怒，因为他们使你必须远离父母。我不希望使用太多术语或科学词汇，但正因为你是工程师，所以我希望可以说服你，即便是在分析精神问题上，我们依旧可以维持精准与明确，正如同讨论工程程序般。

"在你跟我的每一次谈话中，你从来都没有把因为情绪不安而创造出来的隐性事实剔除，单纯去谈事件本身的显性事实。你也从未打破自己的循环性思维方式，找出个中原因。而有一个再明显不过的事实，你却绝口不提。"

"那是什么？"有些恼怒的哈丁追问。

"你必须赚钱。"咨询师简洁有力地回答。

"但还有很多工作等着我。"哈丁反驳。

"是吗？"咨询师挑起了眉毛，"我很怀疑。任何一个竞争对手都会忍不住猜想你为什么会如此突然地改变跑道。如果他们还是愿意雇用你，自然不是因为你的工作能力，而是因为你握有的商业秘密。你心知肚明。你未来要怎么做到心平气和？你是有良心的，我们已经确认过了。当你拿到新公司的聘书时，你难道不会在意之前的老板会认为你是凭什么得到这个位置的？"

"你说得对，"哈丁嘟囔着，"不，我做不到。这么做太痛苦了。"

The Art of
SELFISHNESS

"我认为你会接受。现在，不要再兜圈子了，请专心思考这个核心问题：工作，还是不工作，这才是问题。至少，如果你还期望拿到和目前差不多的薪水的话。"

"你的意思是，我的情感拉力不如工作来得重要？"这名工程师忍不住问道。

"是这样的吗？你的太太想去，你的孩子也是。而你的父母也不会因为你最终变成了西部人就抓狂。这也是成长的一部分，去西部这件事。"

"我想你又说对了，"哈丁回答后，站起了身子，"我去。"

当我们在谈论问题时，往往只关注该问题是不是关于经济方面的。真正让我们日子难挨的，是精神上的贫瘠而不是金钱上的匮乏。即便身处在严重的贫穷下，真正折磨我们的也只是我们感觉上的不满足。在哈丁去看心理医生前，他经常拿自己的问题跟人讨论，并因此将自己心理上的扭曲隐藏了起来。他表现出容易紧张的人会有的急躁特质。他的忧虑导致自己的本性受到压抑，就好像自己要被逼出两种人格般：一个是企图逃避事实的人格；另一个则如评论家般，坐着嘲弄他内心的恐惧。他在面对现实时所表现出的脆弱，让他总觉得自己就像是要掉进深不见底的陷阱。

很少人知道他的胆怯，他们以为他内心的犹豫不决，就是他这个人的特质。就连他的太太也接受了这样的表象，并顺着他。就她的情况而言，她其实跟丈夫一样，将心理上的扭曲隐藏了起来，而内心累积着过量阻塞的她，每一次试图解决生活问题，都只会遭遇挫败。她觉得自己被排斥，并逐渐麻痹。她的怀疑和自我意识，导致她对生命无动于衷，从而产生了孤寂之感。

在那些我们无法克服的困难中，牵涉到生活运作的情绪带入是最难对付的。因为此种情绪带入会使我们分心，并感到精疲力竭。数据告诉我们，多数职业意外事故的发生，都肇因于内心的焦虑。在家里，紧张使你的太太不小心将奶油泼了出来,你在点烟的时候不小心烧到裤子。而在思绪上,你开始做不到心理学家所说的"权衡事实"。

在此种情况下,我们会建议个案暂时将问题放下,休息一会儿:看个小说、看场表演、玩牌、进行一些社交活动——在你已经尽自己所能后。但如果你总是背负着这些问题,那么这些建议又有何效?

有少部分的人会使用"去除依附"的方法,让自己彻底摆脱压力,以别人的角度来思考自己的问题:让自己保持一定的距离,纯粹去研究问题本身。当你因为精疲力竭而烦躁时,你很有可能会不停忧虑着自己的事业,尽管问题只是出在此刻的你真的太累了。那些带着烦恼上床的人们,永远摆脱不了压力。

当一个人决定去克服自己的心理疾病时,他必须做出重大改变。真正的聪明人不会去否认生活的不易,而是承认自己的不安。

在分析人类经验时,此两点间经常会出现混淆。导致我们生活陷入困境的,究竟是内在的精神问题,还是外在的环境问题?答案是:**两者皆非**。这里出现了一个显而易见的矛盾,这点也让古今中外的哲学家百思不得其解,并让经验的研究变得更为困难。责备个体所带有的异常性,不过是拖延我们去面对社会的邪恶之举。而过于强调外在环境的责任,又会导致我们对精神状态的误解。真正健全的精神态度,是理解此两者皆会对我们的困境造成影响。

当生命遭遇混乱时,我们笨拙地摸索着命运,然而命运也正为恶劣的情况而苦恼着。除此之外,那些禁锢我们的力量、使我们无法解决问题的精神状况,往往出自幼年时期发生的对我们产生破坏性影响的事件。

这就如同"先有鸡,还是先有蛋"的问题,唯一不同的地方在于:我们知道何者在先。倘若社会能更理性地运作,而家庭生活可以摆脱道德沦丧,那么精神上的崩坏将会少得多。

尽管如此,一旦异常存在,往往会使我们与外在的关系变得难上难。即便在最理想的情况下，改正依旧是很困难的。正因为如此，在幼年时期便根据经验确立起自己与家关系的哈丁，才会视自己的升职为一种威胁，而不是胜利。

换言之，在神经质幻想的破坏下，我们无法看清问题的本质，而是透过不成熟的扭曲视角，来解读问题。寄生虫般的依赖感让亨利·哈丁获得了自我满足，却也让他自己的思绪受到了钳制。

● KEEP IN MIND

真正的聪明人不会否认生活的不易，而是承认自己的不安。

35 为什么困难总是如此难熬

> 在这份清单中,我们可以看到有极高比例的懒惰现象,他们感叹自己多么渴望爱,却缺乏奋力去争取爱的冲动。
>
> ——一千份心理困扰调查

在参考一份综合了 1000 名男女典型遭遇的研究调查后,我很荣幸地能在本书中将这一结论呈现给所有读者。这 1000 名男女就跟你很像,总是为着生活中的压力而烦恼着。他们之中有许多人并不快乐,但他们不快乐的程度,倒也没有超过你的丈夫、你的妻子或公婆。他们的问题也相当常见,因问题所导致的恐惧感和忧虑,更是再平凡不过。

因此,在这份记录中,我们可以看到各种婚姻问题、对人际或金钱方面的恐惧、郁郁寡欢、孤单、愤世嫉俗甚至怀疑生命。这些问题很有可能同时出现在单一个案身上,并额外加上了自我放纵、矛盾、自怜、性行为问题、职业适应不良或倦怠。有些问题是基于兄弟姐妹、公公婆婆、岳父岳母、不适合的伙伴、愚蠢的员工和各种次要情况所发生的,更别提坏食物、睡眠质量不佳、内分泌失调和其他千百种既存的情况。

这些因素及交互关系,就是实用心理学的根基。有经验的心理医生会试着去找出资料所代表的意义。倘若这些资料指出个案在面对问题时,对"自我"出现一连串的误解,那么医生就会如实地将这些内容记录下来,并不会随意发挥。因此,记录下来的都是最客观且非同寻常的问题。

寻求心理协助的原因（根据以上1000个案例）及人数

1. 孤单、以自我为中心、只关心自己 / 849
2. 环境问题、财务问题、财务不稳定感 / 827
3. 自我放纵、享乐主义、需求与欲望的抵触 / 621
4. 倦怠、唯心主义、思绪僵化、对人生抱持愤世嫉俗感 / 582
5. 懒惰、寄生状态、偶尔的"酗酒" / 527
6. 道德上的摇摆、过于投入和焦虑 / 482
7. 神经紧绷，因为责任义务而精疲力竭 / 462
8. 无法自在、尴尬、觉得能力不够、在意他人的眼光 / 428
9. 病态、喜欢牺牲的感受、自怜、指责他人 / 412
10. 性障碍、性欲失调、对情欲感到困惑 / 396
11. 因无法获得成就而感到沮丧、停滞不前、挫折、苦涩 / 384
12. 因优柔寡断而导致矛盾心理、不确定、担心 / 383
13. 情绪不成熟、恋母情结、无法独立 / 357
14. 僵化的刻板印象、高度《圣经》直译主义、良心不安 / 352
15. 被误解、过度敏感、因批评受到伤害 / 342
16. 了无生趣、显著的压抑、迟钝且不快乐 / 319
17. 核心情节、隐匿型恋家、生活适应不良 / 316
18. 在人际上过度调适、犹豫不决、缺乏目标 / 303
19. 因为罪恶感而萌生悔恨、沮丧、忧郁、偏执 / 298
20. 心思过于复杂、徒劳无功感、缺乏兴趣 / 271
21. 无固定模式的害怕、焦虑和经常性担心 / 245
22. 婚姻问题、为着情绪起伏不定而痛苦 / 243
23. 思绪杂乱无章、脱节、无法专心 / 219
24. 家庭状况、双亲问题、孩子问题 / 214
25. 工作问题、因工作性质而苦恼 / 210

26. 社交问题、对人类发展感到困惑 / 197

27. 恋爱问题、情绪不成熟、情欲上的不安 / 187

28. 无适应性、叛逆、与人相处有困难 / 174

29. 神经衰弱、内心不安、因健康而焦虑 / 138

30. 工作压力、神经疲劳、日常问题 / 136

31. 精神恐惧、不安全感、恐惧症、恐惧危险 / 126

32. 专横的母亲、占有欲、为父母所烦恼 / 124

33. 受冲动支配、强迫且无法满足、行为有问题 / 123

34. 对文明抱持敌意、抗拒常见的限制 / 106

35. 生命没有意义、对不朽的事物有所质疑或恐惧死亡 / 102

36. 情感不成熟、恋父情结、为着独立而心烦意乱 / 94

37. 臆想症、想象自己有健康问题 / 88

38. 害怕男性或讨厌男性：恐男症、对异性抱持敌意 / 79

39. 厌恶且冷漠、优越感、担心地位 / 76

40. 婆婆／岳母问题、因为公婆或岳父母烦心 / 75

41. 自杀的冲动、愤世嫉俗、充满报复心 / 72

42. 吹毛求疵、完美主义、因隐藏的性欲而感到罪恶 / 68

43. 害怕女性或讨厌女性：恐女症、不喜欢异性 / 68

44. 宗教问题、对神抱持困惑 / 52

45. 专横的父亲、男性傲慢、因为父母而心烦意乱 / 34

46. 同性恋、痴迷于禁欲 / 26

47. 工作问题、敌意、受伤 / 14

48. 公公／岳父问题、因父母而心烦意乱 / 12

49. 行为不良（青少年）、情绪适应不良、害怕责罚 / 9

50. 愚笨、智商在平均值以下（智力缺陷）、不存在任何担心 / 8

The Art of
SELFISHNESS

这份记录明确地证实了：绝大多数者总是为着一种以上的问题而烦恼。一个人的思绪或许会被单一状况所占据，但总体而言，我们是被所谓的情意丛（constellation，亦即一些特定且尤其显著的心理失常）所困扰。

沃德·伊凡斯有自卑情绪、性方面的神经衰弱和财务问题。证据显示，他的哥哥带有优越感、婚姻状况恶劣，还有忧郁症。米莉·布兰戴斯觉得自己比别人笨，她用冲动的方式来弥补，却导致就业困难。她的弟弟法兰克因为恋母情结而演变成同性恋，且工作不稳定。他的两个朋友有酗酒问题，反复受冲动驱使，其中一人（为女大学生），有自杀倾向。

不同于那些基于实验室研究所发表的学术论文，这些个案不能凭喜好去筛选。这些都是临床接触到的案例，足以代表人类的日常生活。这些个案无法像实验室研究中的控制组那样，被准确地搜集，它们更像是追求实际经验的工作坊的操作。

这份清单给我们的第一印象，就是人们深深被人际关系问题所困扰。在这1000人之中，有近乎一半的人认为自己比其他人差。有超过300人觉得被误解，且被同伴不公平地对待。也有将近同样数量的人，因为沮丧而痛苦、对亲密关系感到厌倦、认为爱情已经变味。84%的人表示，孤单是自己最痛苦的心病。见到如此庞大的数据，我们不难想见，为什么这个世界上有如此多不快乐的人。

我们也知道，在这些人之中，有62%的人于婴儿时期是受到宠溺的，导致自我放纵成为他们性格的主要一面，而这或许也让我们稍微理解这些情况的由来。他们持续在生活里寻找昔日吸吮奶瓶所能感受到的抚慰。心理分析师认为核心情结（亦即对家和双亲的羁绊）会对精神状态造成极大的影响，此论述确实没错。伯格森格外强调此种依恋的显著性，也是相当合理的。

在这份清单中，我们可以看到有极高比例的懒惰现象，他们感叹着自己多么渴望爱，却缺乏奋力去争取爱的冲动。在这里，我们可以看到许多人之所以在长大成人后陷入困境，主要是因为幼年时期受到性格软弱的双亲的宠溺，让他们习惯了依赖的寄生状态，从而导致日后陷入种种困境。

对于性、婚姻甚至是恋爱问题的数量并未显著地突出，心理分析师或许会有不同看法。他们会说许多情况之所以没被记录下来，是因为没有采用弗洛伊德的办法，导致许多和情欲相关的因素未能被进一步察觉。但只要我们将所有关于爱、性、家与婚姻问题的数量加总起来，我们就能发现，此类问题的数量远超其他。

在这1000人中，心理失常的总数量为12,230，意味着单一个案身上出现的情意丛，其包含了超过12种的忧虑。有些人或许只有四五种紧张核心，有些人却会同时出现18种或20种，这些数字视个案的不快乐程度而定。精神症状的发生，往往是因为许多想法的累加、各种悲伤的汇集，以及已经被内化成一种系统的迷信。只要现实一有不如意之处，我们就立刻将自己的渴望塞进这些机制里。

也因为如此，对于我们在长大成人后所遇到的多数问题而言，其本质与生活的关系并不大，反而更与我们自身相关。在童年时期，我们是外在环境的受害者，像是母亲的溺爱或父亲的苛责。当我们为着本质并没有错的自私，被双亲打屁股、叱斥喝着上床时，我们没办法抵抗，只能忍受。此种足以造成伤害的感受（社会法令目前已在此方面做出更多的管制），一直放在我们的心底，并发展成后来的负面思维框架。

在这1000名个案中，有超过九成的人认为自己的生活受到严重的压抑。在那些少数不受家庭支配所困扰也没有因已婚或未婚情况苦恼的人之中（也没有因已婚或未婚状态而不开心），绝大多数的人都认为自己周围的人了无生趣，未来也很难找到快乐。有些人对人生没有信心，带有愤世嫉俗感，并在承认自己仍旧希望找到完美快乐的同时，开始感到悲哀。许多人在关于忠诚的问题上，抱持着暧昧不明的态度。绝大多数的人可以轻易指出自己讨厌的事物，但要他们列出自己喜爱的事物，却往往很难获得一张让人满意的清单。

透过这一群人的资料，我们讶异地发现，居然有这么多人在精神方面是有问题的。这也证明，我们面临的多数问题都是基于妥协而产生的。尽管外界确实可能存在着困难，但我们之所以会成为这些困难的受害者，主要还是因为自身的情绪。

因此，在上一个分析中，这1000名个案的问题主要出在让自己妥协而导致的内心混乱，此种混乱不安，又以不理性的自我满足形式被展现出来。于是他们不去克服困难或解决问题，反而以不配合、好斗、叛逆的姿态活着，并相信一切都是命中注定的。而不懂得人与人之间的互助配合，运气自然也不会青睐他们。不幸已经成为如今这个社会的主宰。

唯有放下那些导致我们所有个人问题的丈夫、妻子、母亲、父亲、儿子、女儿、关于工作或关于生活环境的妄念，我们才能获得惊人的成长。

● KEEP IN MIND

绝大多数的人可以轻易指出自己讨厌的事物，但要他们列出自己喜爱的事物却往往很难获得一张让人满意的清单。

36 终结悲伤

> 人们总问:"我要用多久的时间,才能摆脱精神问题?"答案是:"我们不知道。"
> ——如何让自己重拾笑容

我们之中鲜少人会为着内心的和平去努力。我们希望这种和平可以多到淹没我们。但我们不愿意为了解决问题,去戳穿内心的各种伤疤与情结。我们希望自己的心理症状都消失——如同过去般,继续被麻痹着。周围的环境是如此艰难,只要求我们去努力,似乎不太公平。

但抱怨自己的情况,真的没有意义。倘若你的母亲在你还是婴儿时就将你抛弃,那么你就是弃婴,如此简单。你为此受伤是事实。但无论这个遭遇公平与否,我们仍旧必须面对这个伤疤。从另一方面来看,倘若她的行为导致你出现了某种恐惧症,那么这也是另一个事实。但你别无选择,你必须以格外强大的意志力去改善自己的症状,否则你未来的人生都会因为这样的心灵创伤而支离破碎。

人们总问:"我要用多久的时间,才能摆脱精神问题?"答案是:"我们不知道。"时间只是一种假象。摆脱精神问题可以是很慢的,也可以是很快的,这全视每个人的精神状态问题有多深、有多广。

假如你的阑尾发炎,我们会以现代的外科手术来移除它,你不用受太多折磨。假如你胃痛,你可以吃药。但在精神领域,我们没有类似的麻醉过程,更没有特效药,你必须自己想办法排除心理失常的症状。在面对问题上，我们也应该拿出同等的决心，夺回自己的人生。

神经官能症（neurosis）的定义有非常多种，其中一个最周全的解释，就是将其定义为踏进人类潜意识中消极主义的入口。人的思想会被阴暗的猜忌所侵蚀，并因为挥之不去的恐惧和足以吞噬人心的愤怒而骚动不安。试着去思考的人们，开始陷入各种症状，最终被情绪压垮。他的灵魂感到挫折，并渐渐变得麻木。有些时候，被绝望笼罩的他们，会强迫自己把注意力从恐怖屋里抽离，转而追求兴奋或愉悦。他们不顾一切地逼自己去尽义务，通过外在活动以逃离内心的痛苦。

然而，没有任何方法可以帮助我们舍弃个人问题。唯有当我们深入探索自我、与偏执的恶魔缠斗时，我们才能为自己找到出路，否则我们只会深陷在困境中，动弹不得。

正如大家所想的，许多人出于害怕，不愿接受此一事实。即便他们清楚，放任只会让情况越来越糟，但他们仍情愿逃避。当然，没有搭配积极治疗就进行神经官能症的诊疗，确实可能引发一定程度的风险，而这也成为许多人逃避治疗的借口。然而，唯有通过建立起一套良性思维取代负面思维的方法，患者才能免于让自己继续陷在绝望的深渊中。

为了处理病患的消极态度，我的父亲总在看诊时使用一个技巧，我认为这个技巧比当前许多临床实践来得更有效。这个技巧也算是他的习惯：他会和客户在绝对的静默中，安静地坐一会儿，接着再针对对方的思维框架进行冷静而被动的分析，试着找出足以穿透他所谓"消极氛围"的关键点。他会不断执行这一行为——直到找到对方的关键点。接着，父亲会突然从消极的角色切换到热情洋溢的积极态度。在经历这突如其来的转变后，父亲会在病患的脑中创造一个足以帮助病患以更积极心态去思考的画面。

那幅充满活力的画面，生动地描述了他的病人在排除了负面习惯与扰人的精神状况后，可以拥有什么样的人生。父亲总是非常成功地将这个正向的画面与病患的负面情绪联结在一起，因此，每当病患又开始陷入过去的症状时，就会因为想起这幅明媚、灿烂的景致而得以摆脱阴郁。通过不断重复此方法，那扇曾经通往神经官能症的大门变成通往健康思维的路径。

此种治疗方法可以潜移默化地改变一个人的脾性，使其不再总是想着负面事物。每当个案又感受到某种异常的情绪波动时，他也会同时想起一些崭新而正向的事物，从而让生活变得越来越好。

若读者希望能建立起一套原则，将那些在分析自我后找出来的所有不幸且具毁灭性的因素，密切关联至另一个健全且充满活力的行为模式上，那么你所需要做的就是控制好自己的注意力。

就本质而言，此方法就像是"以其人之道，还治其人之身"的手段，反过来利用那些导致神经官能症出现的状况。当我们找出个案的精神失常"氛围"，以及根据失常所衍生出来的行为模式和意象后，我们就能利用此种激烈的情绪，去进行具正面意义的改变。

这一过程，能为第二个程序奠定基础：打破我们的情结。以截然不同的方式去行动，违背过去因情绪氛围及精神衰弱而导致的反应。倘若你是一个害羞且喜欢封闭自己的人，请练习和他人相处的技巧，并参与他人的活动。假使恋母情结让你觉得自己应该要待在家里，那么请离开家，你可以去拜访朋友，或找一份能让你远离原生地的工作。当恐惧限制了你的活动范围时，请每天持之以恒地去打破一点限制。当我们体内长久被压抑的力量得到释放时，心理症状就会因此被突破。

在面对问题时，倘若我们出现明显的紧张感或恐惧且身心无法处在理想状态下，那么此种个人调适将是非常必要的步骤。解决婚姻问题的关键，或许与你自身的情绪状态有关。至于工作瓶颈甚至是就业状况，则或许与你内在的不安有关。

有时候，当我遇见昔日旧友并发现对方居然还带着极端的价值观时，身处在现代心理学框架下的我，往往会感到无比震惊。他们自以为能看清人的本性，并认定有些人就是无药可救。

我期望，这些怀疑论者有朝一日能亲眼见证那些接受治疗分析的人是如何蜕变的。你或许也有过这些经验，知道重生的感受。你或许曾经试着告诉别人，事情是如何有了 180 度的改变：树更绿了，天空更亮了，太阳更温暖了；人们是如何变得更亲切，世界就像是在对你微笑。

就最深的层次而言，神经官能症的治疗，就是要求个案重新找回自己人格的完整性，并确保未来再也不会让这样的完整性受任何妥协和压抑。此外，我们也需将人格恢复至一个愿意配合的状态，将其从愚蠢而幼稚的自我满足中释放出来。

这并不意味着未来就不会继续出现问题，也不代表我们能彻底摆脱旧有的问题。单凭习惯的力量，我们仍旧有可能在一段时间后又被拉回昔日的深渊。但至少我们知道回来的路，且会越来越少出现失控的情况。

> ● **KEEP IN MIND**
>
> 当恐惧限制了你的活动范围时，请每天持之以恒地打破一点限制。

37 离婚的秘密

> 在情势逼迫下,我们必须抛弃大量的成见,去思考当爱消逝、婚姻破碎时,我们该怎么做。
>
> ——离婚的人并没有错

如果你是一个平凡的美国人且刚好是女性,那么你或许没想过:既然爱能出现在你的生命中,那么离婚这件事其实也不无可能发生。在你那浪漫的幻想中,并不存在着因为争执而破灭的爱。你说"直至死亡我们才会分开",毫不迟疑地念着自己的誓词。但作为一名平凡的美国人,你人生面临离婚的概率,远高于任何危险。光是1965年这一年,就有差不多40万对美国夫妇离婚。

就连在人潮汹涌的街道开快车所可能遭遇的意外事故率,都没有离婚率来得高。在九对夫妻之中,就有两对很可能以离婚收场。而这个数字还在增加。统计数据告诉我们,在不到半个世纪内,此数字增长了215%。

1910年,离婚率为12.4%。1930年,离婚率增长到21.7%。到了1950年,该数字又提高到25%。我们可以理解为什么专家学者会担心此数字再继续增长,这可能意味着整个婚姻体制的崩毁。

然而事实上,此情况所导致的社会危害,远比法律数字所设想的更严重(因为有许多破碎的婚姻并未实际寻求法律途径)。婚姻幸福的概率是如此低,导致我们对爱和长久亲密关系的信心开始动摇。

The Art of
SELFISHNESS

而这个问题一点也不轻松。假设你是一名女性，有三个年龄分别为4岁、6岁、9岁的孩子。当然，你所居住的家必须是靠贷款买下来或租来的，因为这样的设定才符合大众的情况。总之，你每个月都必须花一笔钱以保有现在这个家。你发现你那在批发公司上班、经常需要出差的先生对你失去了兴趣。他在外面是不是有别的女人了？你没有工作，缺乏养活自己的实际能力。

你所面对的情况，只是一个关于爱和因爱所产生需求的问题吗？当然不是。在现代婚姻架构下，经济因素就跟心理因素同等重要。但我们当然不能因为爱与面包被绑在一起，就不继续深究。任何考虑过这个问题的女人都知道，只有当她的男人愿意维持这段关系时，这个家才有继续下去的价值。强迫的亲密关系只会导致疾病、失败和死亡。为经济因素而维系的婚姻，也不可能长久。

因此，在情势逼迫下，我们必须抛弃大量的成见，去思考当爱消逝、婚姻破碎时，我们该怎么做。

前段日子我参加了一场宴会。一名最高法院的法官就坐在我的对面。我们吃了一顿极其美味的晚餐，接着女士们离开了座位。

"你们心理医师经常批评我们这些法官在处理婚姻问题上的做法。"他说，"那如果换作是你坐在这个位置上，你认为自己的行为会有何不同？"

很明显，这是一个挑战。

"我的行为或许会跟你差不多，"我回答道，"因为我就跟你一样，必须接受美国司法的约束。作为学习人类心智的学生，我们谴责的并不是身为单一个体的法官，我们责怪的是法律体制在婚姻问题上的整体作为。"

"你的意思是，作为一位受限于传统与法律的法官，我们无法公平地处理婚姻问题中的个体？"他以更柔和的声音问。

"我的意思就是如此，"我附和道，"我并不认为你们有错。多数法官——即便是身处在婚姻法较落后的州里,都已经在法律范畴内尽自己所能。对心理学家而言,真正让我们感到介意的是传统的法律思维,也就是不注重人生、爱情与人类本性的态度。"

"我很希望见到我们整个社会的价值观能和我们的科学技术一样与时俱进。但几乎所有地方的人都用跟 100 年前没有两样的态度对待婚姻。无论是在化学、机械或……"我将手朝电灯的方向一挥,"照明上,我们都不落后。但在婚姻方面,我看不到一丝曙光。"

"那么,你想如何改变当前的整体程序,或更明确一点来说,倘若你是离婚法庭的法官,而你可以做任何你觉得妥当的判决,法院也会照你的判决去执行,你会怎么做?第一步、第二步、第三步?现在你该怎么办?"

"第一步,"我接受了他擅自决定的陈述模板并回答道,"我会如外科医师评估患者那样,去评估眼前那位受害者的情况。你见过任何一位对婚姻做好万全准备的男人或女人吗?像是知道自己该去寻找哪种类型的伴侣,又或者该如何配合伴侣的人格特质去做必要的调适?"

"不……没有,"他诚实地眨了眨眼,"我想我从未遇过这样的人。"

"那么,我想我应该移除所有关于个人方面的指责。我们的社会没能在这些人的生命早期实时指导他们去学习关于人类本性的知识,导致他们的理解力就如同学习母语般,只是出于无意识与自动性。离婚的人并没有错,我们不能要求对方负起责任,直到他们学会如何利用智慧去挑选伴侣为止。他们的离婚是基于无知所导致的无可避免后果。"在我说话的同时,我开始朝自己的玻璃杯里倒水,直到水快要溢出来为止。"如果我继续倒,法官大人,这杯水就会溢出来。每件事情都有饱和点,而当那些处在不幸婚姻中的人们觉得自己再也受不了时,就意味着他们已经超过了饱和点。我不会责备他们;我会将基督教的道德带到法院上,如同耶稣基督所希望的那样去宽恕他们。"

"你会给他们新的机会?"

"当然。我们对其他事物再严苛,都不及我们对待婚姻这般不人道。

The Art of
SELFISHNESS

倘若两名男子合伙开了一间公司，但两人个性不合，我们会说：噢，他们应该分道扬镳，勉强在一起只会阻碍彼此的成功。他们已经失去了方向，就像两匹不能一起拉一辆车的马。如果有人坚持要让这样的两匹马在一起工作，我们肯定会觉得他疯了。

"而这也引导出我的第二个论点，"我继续说，"我视离婚为必要的手术，一种杜绝感染且防止情况继续恶化的手段。继续维持一段不和谐的婚姻，或许是父母对孩子做的最可怕的一件事。心智健全且情绪稳定的单亲父母，比两个总是在吵架的父母好上千百倍。或许终有一天，我们的社会能理智地看待那些感情不和睦的夫妇分开，以杜绝不幸婚姻对后代造成的严重影响。"

"在关于离婚原因的听审上，你支持怎么样的做法？"

"无论如何，我都不会和现在法院所进行的审理一样，"我明白地指出，"我支持斯堪的纳维亚对于离婚这件事的态度：只要任何一方提出离婚要求，我们就应该准许，而不去考虑所谓的罪恶感。我接触过成千上万件婚姻问题的咨询，这辈子从未见过三角关系。这是一种幻想。只有当婚姻关系出现严重的问题时，才有可能出现所谓的第三者。真正的爱是一种非常紧密的合作。只要爱还存在，就没有其他人可强行进入。"

"我不知道你是否也这样想，但女性往往更为担忧此种离婚。就生理条件而言，男性投入和结束一段婚姻所需冒的风险确实较低，而我们的社会正努力让情况变得较公平，婚姻法就是以此为目标的。"法官以坚定的态度说道。

"我完全同意此点。但我们不仅仅是具有生理特征的生物——动物，如果你愿意这么说的话——我们还拥有思想。而就我们人类而言，离婚事实上是一件关于心理层面的事。如你所说，女性确实应该受到保护，但强迫一个内心恨着自己妻子的丈夫继续维持婚姻关系，对这名女性来说不会有任何帮助。"

"那戒律呢？"法官插了一句。

"戒律！你希望多数年轻人都变得随心所欲、放纵地乱交吗？"

"不，当然不希望。"

"那么就让我们不要再将婚姻描绘成一种令人绝望且不幸的关系，那种为了孩子幸福及社会和睦、只能继续容忍失望的关系。你知道是什么原因导致年轻人做出那些放纵的行径吗？"

"不知道。"法官似乎渴望听到答案。

"就是因为那些鼓吹婚姻是一种义务、一种必须舍弃自我以维护家庭神圣性的人。他们亲手摧毁了年轻人对婚姻的想象，让年轻人不再相信婚姻也可以保有浪漫的爱情和令人欣喜的亲密关系。我希望能将爱情归位。一直到黑暗时期后，婚姻才在天主教会中被神圣化。这是历史事实。在那个社会及宗教最堕落的时代，爱情被神圣化了。我希望能将爱重新推回其应有的地位上。"

"这也意味着，你绝对不会想要知道是什么导致一对夫妻离婚，你只会单纯地接受。"

"不，我不会单纯地去接受——至少在我发现是什么心理因素导致这段婚姻无法成功之前。你曾经听过恋母情结或自卑情结吗？"

"当然，"法官烦躁地说，"这年头谁会不知道。"

"一个总是拿妻子去和母亲比较、希望妻子完全照母亲的方式去做的男人，就有恋母情结。他的情绪生病了，但他不知道。那些因为礼教与专横的父亲而导致性本能被压抑的女性也是如此。自卑情结和过度敏感，也都会摧毁婚姻。"

"即便是本性就很契合的夫妻？"法官问。

"是的，即便是那些刚好很合适的极端案例。我曾经不得不介绍一对夫妻重新认识，尽管他们已经在同一个屋檐下住了12年。这名丈夫有恋母情结和优越感情结。他的妻子则从小受父亲支配，并因为自卑情结而总是表现出卑躬屈膝的样子。在心理问题的覆盖下，他们其实一点都不了解对方。受到心理情结支配的我们，变得不再是自己，我们的一举一动也背离了原本的自己。人们经常会用他人陷入的处境,去批判对方。"

"这不是相当自然的吗?"

"不,当然不是。这是非常无知的行为。倘若你的儿子患有麻疹,你会将他视为一个麻疹男孩吗?"

"不会。"法官笑了出来。

"我也不会将一个因为感冒而不断擤鼻涕的人,视为一个本性上就爱擤鼻涕的人。对那些潜意识里带有各种情结的人,也应该如此。我会将他们的人格和他们那不幸的行为习惯区分开来,接着再让那对面临离婚的夫妻去做同样的事,看看不幸的问题是不是肇因于心理层面。"

"如果他们发现确实如此该怎么办?下一步怎么解决?"

"如果他们的经济状况并不宽裕,我会介绍他们去公立诊所;如果负担得起,我会推荐他们去寻求专门治疗情感异常的专家的协助。如果在经过一年的努力后,成效仍不理想,我会赞成他们离婚。不过我告诉你,我们发现,在经历这样的治疗后,很少有夫妻会决定离婚,许多人的婚姻变得更幸福了。"

● **KEEP IN MIND**

只有当婚姻关系出现严重的问题时,才有可能出现所谓的第三者。真正的爱是一种非常紧密的合作。只要爱还存在,就没有其他人可强行进入。

38 / 一幅画的两面

> 我们可以摧毁充满爱的行为,迎来悲伤与痛苦。我们可以忽视爱的原则,活在孤单之中。我们也可以遵循并引导爱的表现,来获得快乐。
>
> ——当婚姻出现第三者

总有某些问题,是别人不适合贸然给予建议的。如果你给了建议,反而像是对他人健全心智的侵犯。事实上,这也是临床心理学上非常重要的宗旨:向病患**解释原理**,而不是**告诉对方该怎么做**。智慧是强逼不来的。

马莎·马里费尔德陷入了窘境,她深深地爱上一名有妇之夫。"但令人绝望的是,他结婚了。"她说,仿佛觉得这像是一个无解的难题般。

她该怎么办?她们家是一个作风极为严谨的家庭,祖上历历代代都秉持着节操至上这样的信念。就在某个 5 月的下午,马莎突然觉得自己再也受不了内心的煎熬,她必须把这个问题彻底解决。她应该和唐诺私奔吗?看来这个问题,她只能和贝蒂·苏讨论了。她口风很紧,为人也很正直。

"我无法回答你这个问题,马莎,"贝蒂坚定地看着对方,"我甚至不能跟你说,换作是我我会怎么做。在美国,有许多女性跟你一样面临同样的问题。她们必须根据自己的信念去解决这样的困境。"

"你是说你帮不了我?"

The Art of
SELFISHNESS

"无论是我或是谁跟你说,'追着你爱的男人去吧'或'不要去,留下来',你未来都一定会恨我们。而且说实在的,就算我说你不应该这么做,你可能会更义无反顾地离开。但如果我说你应该去,你也只会变得更犹豫不决。那些关于人生重大抉择的建议,往往只会让我们更迷惘。"

"那么,我必须独自想出这个问题的答案?"

贝蒂点点头:"当你真的开始**思考**,仔细设想未来,拨开蒙蔽着判断力的欲望时,你很快就会发现,自己其实一直知道该怎么做。这是一个探究自我价值观以及明白自己拥有哪些情感的探索之旅,不是吗?"

"我爱他。"马莎坦率地说。

"我知道,亲爱的,但这世界上有非常多种爱。倘若你今天只有16岁而他不过是某个高中男生,那你也不需要如此辛苦地去思考这份爱到底有多真诚。"

此刻,又是一个关于新道德的论述,一个远比烦琐的陈腔滥调更为严峻的大诘问。什么是最终极的善?人的欲望本质是什么?一份爱能多深刻?

说到底,马莎这个问题的答案为:永远不要妥协。如果一份爱要求你必须妥协,那么这就不是爱,而是单纯的性欲。而她的答案,同样也埋藏在**不要追求自我满足**的原则中。亲密关系埋藏在每一个真诚的举动中。真正的爱恋才能让我们活出自我。生命的力量和爱情的深度应该是一体的。

如果马莎内心早已知道该怎么做,那么贝蒂确实可以在不明确点出对方该怎么做的情况下,用一些事物来帮助马莎找出自己的结论。她可以让马莎察觉到因为她的存在而"伤害了另一名女子"是多么令人心烦意乱。她也可以帮助马莎跳脱当前的框架,不要执着于为已发生之事负责。光凭意志力和手段,是永远不可能获得真爱的。而这样的牺牲,亦不可能让任何人幸福。

关于爱,我们懂得并不多,除了那种从体内涌现并企图传递给他人知道的欲望外。而我们也是透过经验，才学到什么时候应该要展现出悲悯。宽宏大量也同样如此。那些否定自我的人，最终只会剥夺自己一切的权利与希望。那些试着让自己发光发热的人，才能真正让别人一起发光发热。

我们无法让任何人开心，除非对方有这个意愿。唯有当对方愿意接受时，你的努力付出才能让他获得快乐。我们也不可能帮助任何人走出伤痛——唯有当他真的看破时。我们那过于热情的关怀，只会让对方受伤。

总有一天我们会明白，自我牺牲只是迈向侵略型人生的第一步。

永远不要窃占他人的问题，并称此种霸占为美德。剥夺他人成长的行为，就跟夺走他们的食物一样不正直。痛苦能净化一个人，悲伤能洗涤灵魂。夺走他人的困境，就如同心灵上的抢劫。

因此，马莎的任务是专属于马莎的。如果她的爱是真的，那么这就足矣。如果神是爱，那么她的奉献就不可能是错的，而是一种真正的奉献。

在我们关于爱的信念中，存在着极为惊人的反宗教意识和高涨的欲望。我们或许可以说，爱若不是混乱的，就是井然有序的。倘若是场混乱，就没有所谓的邪恶、没有所谓的道德根基，也没有任何理由可以说服我们不能表现出野蛮。但倘若道德是可能存在的、倘若真有所谓的神圣秩序或宇宙法则，那么是非对错的观念就应该放诸四海而皆准。

倘若马莎和唐诺的爱是真的，那么马莎就不可能因为这份爱甚至是夺走唐诺而伤害到唐诺的妻子。她的行为只会让处于敌对位置的唐诺的妻子，从不完整的人生中解放出来。因此，当贝蒂说出"这是一个探究自我价值观的问题，不是吗？"时，她点出了问题的重点。唯有摸清这份爱的本质，才能解决马莎的困境。

而这幅画的另一面，则是一幅关于痛苦的写照。伊莎贝拉·布莱恩

The Art of
SELFISHNESS

早在几个月前就发现了丈夫与马莎的恋情,也完全知道和理解丈夫变心的原因。她和唐诺之间出现了问题,这些问题早在马莎出现之前,就已经逐渐成形。

在她心底,她是清楚的。但在多数时候里,苦涩的愤怒和汹涌的嫉妒,使她无法去想这些。她恨第三者的存在,愤怒占据并侵蚀着她的肉体。

在人类所存在的各种妄想中,认为自己亲手奠定了自己的道路、主宰了自己的人格,是最为疯狂的一种妄念。每件事情的发生都如与生俱来般自然。真正主宰一切的,是大自然。人格和命运都是她的杰作。她给予我们爱和恨、嫉妒和敬爱。我们所握有的权力,不过是选择让哪一种冲动来主宰自己罢了。

就如同马莎,对伊莎贝拉而言,眼前的问题就像是对她健全心智的测验,看她能否健全且坚强地迎接挑战。她可以让恨意占据自己,啃食掉最后一丝爱意;她也可以让充满报复欲望的嫉妒,吞噬掉自己对于亲密关系的最后一点信任。或者,她可以用更出色、更高层次的方法,来解决问题。她选择了后者,而这也代表了她性格上的沉着。

"之所以会发生这一切,或许是因为我们的婚姻问题已经病入膏肓,"她对自己说,"我愿意尽自己最大的努力,来改善情况。我愿意视此种痛苦,为生命告诉我必须为爱去努力、为了维持婚姻中的亲密关系而奋斗的警告。对爱情而言,这场婚姻沦为一个可悲的替代品。我会试着让这份爱成真。我不能让嫉妒影响了自己的行为。无论我有多么地愤怒或嫉妒,无论我如何渴望复仇,我也绝对不能让这些情绪主宰了我的一言一行,或扭曲我的决定。我知道这些只会导致毁灭。我不能被它们毁灭。"

在严格审视自己那野蛮的倾向后,伊莎贝拉找到了自己的方向,并知道该如何通过积极的行为来改变处境。"我的行为必须和那些出于嫉妒所做出的行为完全相反。"她下定决心。因此,她没有让自己的大脑被原始的冲动所占据，反而决定试着跟马莎当朋友。她们变成了不错的朋友，而那让人烦恼的恋情也消失了。

当我们愿意拿出健全且坚定的精神时，有60%的机会，这些问题都能成功解决。如果这场外遇只是一时的意乱情迷，那么其注定失败。如果是一个彻底的错误，那么丈夫和"小三"自然会察觉。但如果这是一个非常严重的事，且三人都明白这件事的严重性与真实性，那么我们就只能以合宜的态度，采取最睿智的手段。

新恋情取代旧恋情的事并不少见，而这往往是因为那段婚姻关系并不是真的符合宇宙秩序。至于新恋情？或许是，也或许不是。

在这样的困境下，我们需要或应该处理的，是人类最深沉的冲动。爱并不如许多人所想的那样简单或温驯。将爱禁锢，爱就会死去。限制爱，只会造成恨。强迫爱，爱便消失不见。我们无法凭意志去爱，更不可能给予约束。我们能做的，是引导爱的展现。而爱的来去，将视我们的人生愿意敞开多宽的门去迎接它，还是将其拒之门外。

如今的我们明白了吸引和排斥的法则，就跟地心引力一样绝对。有些人能和睦地聚在一起，有些人却会引发争执。这无关好坏、对错，而关乎于同感或反感。如果我们心中的爱意增长，我们就能持续回应；当我们心中的恨意滋生，我们就会停止响应。这是人之常情。

我们可以摧毁充满爱的行为，迎来悲伤与痛苦。我们可以忽视爱的原则，活在孤单之中。我们也可以遵循并引导爱的表现，来获得快乐。比起人类小小的自我，爱更像是天地间的潮汐或闪电。

我们可以获得爱，并试着理解此种激烈情绪的深度。我们也可以压抑爱的存在，以不健全的形态活着。我们更可以滥用爱的力量，将其扭曲成肉欲和侵略性的欲望。爱不是任何一个人的所有物。在进入或离开一个人的生命、带给人们快乐或绝望上，爱所使用的方式就如同生命的降临或消逝那样自然。人们一次又一次地试图让自己凌驾于大自然之上，却一次又一次地发现，在生命力量的面前，我们是如此渺小。

这也是为什么我们可以用法律来约束婚姻，却束缚不了爱。对任何一个人来说，没有爱或失去爱的婚姻，远比孤单来得可怕。

就此观点来看，与生命中的所有问题相比，在处理此类问题上，唯有对人格基本法则的全然尊重，才能带来成功。倘若你因为这样的困境而选择委屈自己，放任自己沉浸在自我满足与愤怒的威胁中，问题只会逐渐加深。只有拿出更胜以往的合作心态，以双方的利益为优先目标，问题才有解决的可能。

最后，在任何一段婚姻关系中，双方都应该自由且平等地存在。倘若双方都希望继续保有自身的自由与平等，就不应该出现侵略性的依附行为。当我们剥除了自身的期望后，最真诚的事物就会现身——而这才是我们必须寻找的目标。

这个故事想告诉我们的并不是在这个情况下该怎么做，而是在顺从生命的意志下，我们需要怎么做。真正睿智的无私，绝对不是让自己臣服在他人的期待之下，而是找出最好的可行之道。

● Keep in mind

将爱禁锢，爱就会死去。限制爱，只会造成恨。强迫爱，爱便消失不见。我们无法凭意志去爱，更不可能给予约束。我们能做的，是引导爱的展现。

THE ART OF SELFISHNESS

人生财富

VI

39 / 吵架的新方法

> 提出第三种方式,就是聪明的新调适方法。
>
> ——路易丝陷入僵持不下的争执

故事发生在一个山中小屋内,主角有路易丝·高德温、她的奶奶和路易丝的未婚夫麦克·塔布。麦克想要带路易丝去野餐,但路易丝拒绝了。她想要参加附近举办的一场舞会。他们两人都有自己的动机,但两人都不想听对方解释,再加上双方急着实现自己的目标,导致他们根本无暇听进对方的话。

除此之外,在他们争吵的时候,两人总喜欢用"没错,但是……"来打断对方发言,放任自己脑中那不完整且充满预设立场的想法脱口而出。尽管麦克列举了一大堆去野餐的好处,却没有说出自己之所以认为应该要去野餐,是因为他的母亲也会去且正等着他,他觉得自己有义务出席。

尽管麦克绝口不提,路易丝却本能地察觉到他母亲对这件事情所造成的影响。因此她故意兴奋地说,舞会上有一名富有的金融家,麦克应该去认识对方。这让麦克产生妒意,并表示自己一点儿都不想见对方。路易丝于是宣称麦克根本不愿意为了让自己过上好日子而努力出人头地——这句话点燃了战火。

双方都以自我为中心、骄傲、不客观、不坦白,且在某种程度上有

The Art of
SELFISHNESS

些不诚实。随着吵架越演越烈，两人都开始觉得有些丢脸且厌恶这样的自己，偏偏他们的一举一动却又好像很讨厌对方般。面对这样的情形，我们该怎么做？以下是七个让吵架更有效的必要原则。

1. 停止。不要说话并聆听对方，直到对方要求你做出回应。
2. 提出协议：给双方一定的时间（像是5分钟或15分钟）来表达自己。在过程中，另一方不可以发表任何意见，只能聆听。在发言时，把想说的都说清楚。
3. 有某些原因是你在争吵时不想面对或没有说清楚的，趁现在将那些来不及或因为恐惧而没提到的原因都交代清楚。
4. 尽力让自己维持客观，无论是在说话时还是聆听时。
5. 设定一段时间，让双方有机会能对他人的发言表达看法，在这期间，也不允许打断他人发言。
6. 倘若进行完以上的步骤后，还有争议未能解决，双方先分开一个小时，让自己冷静思考。不要陷入焦虑或忧愁。
7. 在独处时，写下另一方的所有观点，并尽可能公平客观地去思考。

幸运的是，高德温的奶奶是一名睿智的女性，喜爱麦克和自己孙女的程度是一样的。在两人正吵得不可开交时，麦克突然想到可以试着拉奶奶到自己这一边。路易丝也答应和奶奶解释这件事，因为她有绝对的信心，自己的奶奶肯定会帮自己。

但奶奶是一位非常聪明的长者。她知道只有傻子才会介入别人的纠纷，毕竟这么做就太傻了。"分开来，好好想想。"奶奶这么说，"然后各自来找我。倘若你们愿意主动告诉我自己在这件事情中做错了什么，我会非常乐意地去帮助你们。"

我们不需要更详尽地描述她是如何温柔地让这些年轻气盛的孩子知道自己是如何企图主宰另一方的，更不需要点出她是如何让这对情侣明白,没有什么比相处融洽更重要的了。

"何不采取第三方案?"她提议,"如果你们一起搭船出海,不也很有趣吗?"

"这个点子真的太棒了!"麦克同意,暗自高兴自己不需要退让——无论是对他的母亲或对路易丝。

"我喜欢这个提议。"路易丝附和,偷偷开心着这样的结果。

提出第三种方式(未讨论的答案),就是聪明的新调适方法。请记得这一点。这是面对争论时的最佳解决之道。

尽管如此,在这一点之外还有其他需解决的事物,因此,当你独自一人时,请仔细思考自己是否犯了以下错误:

- 是否拒绝给予对方足够的时间,来陈述自己的想法?
- 当对方在某些方面成功地说服了你时,你是否拒绝承认?
- 沉浸在"以牙还牙"的情绪中?
- 当情况对你不利时,是否开始将不相关的事情扯进来?
- 只因为某些想法引起你情绪上的不满而故意挑其毛病,并拒绝讲道理?
- 因为压抑的怒气而开始胡言乱语,又因为试图掩饰自己的失言而继续滔滔不绝地说着?
- 在还搞不清楚自己真正的想法前,就试图把这个想法说出来?

我们应该牢牢记住:我们不可能同时顾及十个论点。倘若你为了展现自己的聪明才智,为了同一个论点不断重复,那么你只是在浪费大量时间,去做一件本可以在一个小时内完成的事。

请养成习惯对自己说:"事实到底是怎么样的?"重新整理思绪。针对自己的观点进行"是非题"式的分析。在那些冠冕堂皇的说辞之下,往往隐藏着潜在的动机和最隐晦的推力,而这些才是导致问题发生

The Art of
SELFISHNESS

并使我们受到蒙蔽的原因。

举例来说,麦克是一名相当普通的年轻人,但他很喜欢与人争执,这是因为他的哥哥过去经常嘲弄他。路易丝有一点点的恐惧症倾向,她非常讨厌悬崖,这也是她非常不想去山上野餐的原因。我们往往只需要更诚实地面对自己,带着试图找出真相的关爱同理心进行更深入的分析,事情就可以有极大的改善。

在多数的争吵中,我们喜欢将自己神经质的价值观投射到亲密伴侣身上,去责备他们,并用着那些陈腔滥调来模糊焦点。

某些常见的责备模式非常值得我们思考。我们被指责或用于指责他人的理由如下:

- 因为你不同意对方的看法,或对方不同意你的看法。
- 因为坚持自己的意见。
- 因为冲撞了衰败的道德观。
- 因为未讲明的想法。
- 因为原始的冲动。
- 因为你此时此刻"做不到"。
- 因为你的实践程度、你的思考速度。
- 因为你们的本性和感兴趣的事物不同。
- 因为你内心深信不疑的原则。
- 因为你生来就是如此。
- 因为你必须再仔细想想。
- 因为你们的需求出现歧义。
- 因为内心的渴望。
- 因为你的能力较好或较差。
- 因为不幸的事和其伴随而来的后果。
- 为了满足自我,认为其他人都是错的,只有你是对的。

喜爱争论的人总为着不重要的琐事争辩，而那些争吵的输赢根本无关紧要。请列出 15 项你们争吵后所得到的结果。你认为这些结果是有意义的吗？

何不学着利用让步的方式，来赢得争执？下面就是何时何地都适用的建议：

- 厘清自己的目的，并贯彻始终地以此为出发点。
- 忽视那些并不会危及你论点的无关紧要的挑衅。
- 放弃那些不重要的论据。
- 确保你们讨论的内容，是你确实愿意让步的事物。
- 一次又一次地回到你愿意让步的初衷上。
- 先不要提起自己最基本的目标，忍住并等待。

与此同时，你越是沉默，你所凝聚的力量就越强。下列这些事情则完全不值得我们去纠结，并应该置之不理：

- 多数的批评和责备。
- 人们意外犯下的错。
- 所有的冒犯，无论是无意或有意的。
- 因为无知而导致的行为。
- 因为缺乏效率而导致的表现。
- 所有神经质的人会做出的行为。
- 出于不耐烦而提出的建议。
- 别人擅自加之于你身上的义务。
- 没有人可以解决的问题。
- 因性格不同所导致的结果。

The Art of SELFISHNESS

- 人生中不可避免的失去。
- 人的不完美。
- 因为人生就是会遇上许多麻烦,你们正在争吵的情况也属于这些麻烦中的其中一种。

如果出现上述任何一种情况,请中断一切讨论,并让自己平静下来。不妨参考英格兰农夫的规矩:

- 要说就说些友善或有趣的话。
- 用最舒适的方式坐着,不要正襟危坐。
- 做一些带有善意的小动作。
- 坐着并思考天空到底有多么宽广。
- 让自己明白你并没有如此重要,因而不需要总是提防他人。

有一句俗语说得好:"赢了争论,输了朋友。"我们无法用说服的方式,来逼朋友配合。我们或许可以将这句俗语改成:当你赢了争论,却输了一切——当你让争论背离自己的初衷时,最终只会输掉自己所追求的目标。漫长的争执只会让赢家感到精疲力竭,因而再也无心去实践自己最初的目标。

微笑永远比责备好,效果也往往更出色。当争执中出现笑声时,往往能化解僵持的敌对状态。在快乐的面前,只会剩下困惑与笨拙。学会如何用笑声化解敌意。争论和填字谜一样,都应该是用来消遣的,因此不要让它们背离了本意。请试着让自己学会用游戏的态度来看待一场争论。确保辩论的内容轻松、有趣且充满包容力。当交谈对象开始使用人身攻击或不耐烦时,请离开现场。撤离和易怒都是个人问题,也应该留给个人去解决。

说到底,如果我们不放纵自己去追求自我满足,一开始就不会陷入争执。只有当我们拒绝接受一切妥协时，我们才能保持冷静。只有当我们学会在个人冲动与互助关系中取得平衡时，理智和合作的精神才能维持下去。

● KEEP IN MIND

> 微笑永远比责备好，效果也往往更出色。当争执中出现笑声时，往往能化解僵持的敌对状态。当你让争论背离初衷时，最终只会输掉你所追求的目标。

40 英年早逝是如何发生的

> 你是否曾经看过一匹聪明的马或驴子爬上一条小径？它们会非常频繁地停下来，等到呼吸恢复顺畅后，再继续向上爬。
>
> ——正视现代人停不下来的忙碌病

艾文斯·史崔克兰皱着眉头。这场面谈跟他想象的不太一样。最近他实在太紧张了，因而想要寻求外界的协助，刚好有一位知名的法国专家到美国访问。长年在纷纷扰扰的纽约担任企业律师的工作，让他付出了不小的代价。

"工作太辛苦了，"他对妻子说，"没有人可以长久承受这样的压力。"

但当那名经验丰富的医生这么跟他说时，他却觉得自己被冒犯了。他原本希望对方能"让他恢复正常"，这样他就能继续过着那违背本性的生活。但心理医生没有这样的法术。

"我必须继续坚持，医生，"史崔克兰解释，"但我已经筋疲力尽了。我根本睡不着。我觉得头昏脑涨。我的心脏……"

"是的，是的，"医生点点头，"我非常理解。你们美国人的生活状态太紧绷了。你就像一辆多头马车——而你的心脏，自然也必须跟着乱窜。"

史崔克兰让自己接受质疑。"但是医生，一直以来我都把自己照顾得挺好。我知道该怎么做。"

"那么你所谓的良好照顾,是怎么样执行的呢?"医生询问。

"呃,我最近得了几次感冒,还有些便秘的情况。加上最近总感觉很疲倦,相当沮丧。因此,我尽量避免让自己吹到风,礼拜天的早晨也会躺在床上多休息,定期使用通肠剂,如果流鼻涕就吃点药。"

"那么你的胃呢?胃有没有不舒服?"医生微笑地问着。

"但我有吃那些可以预防胃酸过多的东西。"史崔克兰辩解道。

"那你有没有使用水蛭或什么咒语呢?"医生温和地继续追问。

"我干吗那样做?"病患嘟囔着,开始察觉到医生尝试表达的重点。

"照你的做法,它们大概也会有用。你让自己的身体变得笨重而迟缓,你没有运动,没有深呼吸,还经常在外面待到三更半夜,或以为待在家里就叫休息;这就跟生长在朽木上的菇类一般。我想既然如此,一百多年前的方法或许能让你回归正常作息——一百年前呢。现在,你需要提高自己的内分泌,你必须吃些维生素。这些是现代的方式。你还必须避免过劳的情况,让自己的神经系统休息,别把大脑煮熟了。"

"煮熟我的大脑?"

"没错,你有没有见过一颗蛋被慢慢煮熟?看着那透明的蛋清慢慢变成白色?那叫凝固作用。当你感到精疲力竭、身体不适,且血液缺氧时,大脑就会开始凝固。然后你的思绪就会变得有些混乱。"

史崔克兰留意到医生眼中闪着的狡黠神色,并发出轻轻的笑声,但这并不足以缓解他的焦虑。

"你是说我有时候会抓狂?"他紧张地追问。

"每个人在非常疲惫的时候,多少都会有一点这样的情况;但只要得到适当的休息,就会消失。你为什么要逼自己工作得这么辛苦?"

"养家糊口。"

"那为什么要那么晚还待在外面?"

"我太太说那是我们唯一可以享受到的两人时光。"

"你必须让她明白你有多累。"

The Art of
SELFISHNESS

"我做不到,医生。我不希望那么自私。"

"这并不是自私,而是聪明。你跟我说,你几年前曾经崩溃过。你一直从事着那些有害的行为,而这些行为不可能不伤害到你自己的神经。"

换句话说,一个人不应该玩桥牌玩到深夜,恣意地寻欢作乐;隔天早晨再冲到办公室,兴高采烈地努力工作;然后再活力十足地开车返回位于郊外的家,在拥塞的高速公路上与死神调笑;或不知节制地参与社交活动。突如其来的情绪失控,很有可能导致此人各方面的生活分崩离析,而他也自然不可能期待在这样的失控下,还不会陷入精神崩溃的状态。

当我们摆脱了妥协,我们也同时摆脱了精疲力竭。这样的人会直接地拒绝过劳,也不会放任自己追求自我满足,不会让身体为着大脑的妄念而受苦。那些懂得尊重自己神经的人,才是真正有勇气的人。

史崔克兰深信这名医生可以帮助自己,因此他开始做运动、摄取健康的食物并确保内分泌系统运作正常。此外,他也改变了自己的生活状态。为了维持健康的生活,医生还给了他一些关于当代科学对于用脑过度(也称脑力衰竭)现象的理解信息。

避免用脑过度的 5 种方法

- 用脑过度是因为供给脑部的血液不足,导致身体就如同被止血带束紧般出现不适的紧绷感。请停止过度劳累、过度急迫、过度忧虑、过度调适的行为,并在发现自己又开始紧张时立刻深呼吸三分钟。

- 此症状往往肇因于人们不愿意停下来,听从自己的直觉与心底的判断。请等一等——在你开始行动前,请先等一等,给予自己一点思考的时间。

- 此症状的成因可能是冲突、对目标的混淆、因为反对意见而导致的紧张。停下来——将情况的优缺利弊列成一张表，看看正、反方哪一方的论点更有力。最后请根据这张表来行动。
- 此症状肇因于饮食习惯。在吃饭时，请细嚼慢咽。吃完饭后，也不要立刻奔跑。
- 此症状的出现，是因为氧气不充足。问题越困难，请越频繁地到窗前喘口气。我们的大脑就跟汽车马达一样，需要空气才能运作。

当你觉得"无法放松"时，不要硬去强迫自己。请想想那些能吸引你的事物。找出那些能让你舒缓而安心地放松的方法，然后去执行。

如果你怎么样也无法放慢脚步，那么请为自己的思绪设立一个红绿灯，以避免想法乱成一团。以 15 分钟为间隔来设置它们。每 15 分钟就稍微伸展一下，休息一分钟。请将此行为培养成绝对的习惯。

你是否曾经看过一匹聪明的马或驴子爬上一条小径？它们会非常频繁地停下来，等到自己的呼吸恢复顺畅后，再继续向上爬。如果你不能让自己也做到这样，那么你就无法期待自己跟一头驴子一样健壮。

● KEEP IN MIND

当你觉得"无法放松"时，不要硬强迫自己。在你开始行动前，请先等一等，给自己一点思考的时间。

41 健康的睡眠，健康的身心

> 身体的匮乏绝对比银行账户的匮乏来得严重。请学会如何关上耳朵并入睡。
> ——饱受失眠困扰的德斯顿太太

德斯顿太太睡不着。"已经整整一年睡不好了"。从灯关上的那一刻起，白天的各种琐事就会开始盘踞她的脑袋。

她的工作看似永远都做不完。她想要好好阅读新书，却总是没有时间。她的思绪开始变得迟钝。而她的先生却觉得她就跟她的母亲一样无理取闹（这是非常严重的控诉）。

"但我总是很累啊，乔治。"他的妻子这样对他说，"有太多事情等着我去做，让我无法专心。"

"那就等当你可以去做的时候再做，如果做不来就放弃。"乔治嘟囔着回应。

"但我只是想尽我的责任。我跟塔吉太太可不一样。你难道想吃她做的晚餐吗？"

"一点也不。"乔治立马回答，情绪烦躁了起来，"但这不意味着你需要在睡梦中也不停地煮饭。"

"但每个细节我都需要留意啊。"他的妻子叹了口气。

"难道我的工作就不需要了吗？"他质疑道，"倘若我这件事情花了半个小时、那件事情又花了半个小时，你觉得我的下场会如何？"

"是的,但至少你的工作有分门别类的系统或方法可以帮助你。"

"那你也可以组织好自己的生活。你已经一个月没有弹琴了。你做了太多没必要的事。"

"你不能强迫我让家里乱糟糟的!"德斯顿太太带着女性特有的焦虑感如此反驳。

"当然不是,但我也不想要你成为奴隶。想个办法吧。"

在听进这个建议后,德斯顿太太惊奇地发现自己那杂乱无章的"自我牺牲"根本是多余的。更让她惊讶的是,她又开始睡得着了。

倘若她能秉持着永远不要让自己妥协的信念,她就不会让琐碎的家事干扰到自己的生活。现在,许多家庭妇女深为这样的被害妄想所困扰,为了自我满足而强迫自己承担过量的责任,并导致自己因为过劳和失眠的症状而出现身体上的不适。

有失眠症状的人其实是生病了——精神上的疾病。这些人多为假性无私的受害者,被剥夺了应有的休息。高质量且平稳的睡眠,那种能一直睡到你的身心都感到清爽的睡眠,对心理健康的恢复而言,是非常重要的。

近期关于睡眠的研究指出,生理上的放松不仅可以让身体恢复健康,此种睡眠状态也能使心理层面获得修复。神秘主义告诉我们,在睡眠期间,我们的灵魂会与"另一个世界"接触,并会因为来自天界的力量不断汇聚,而获得养分。但无论如何解释,深层的睡眠对成功来说,是绝对必要的。这是出于原始本能与必要的自私。

除非你的睡眠状况总是非常良好,否则你或许会需要借由一套入睡的仪式来帮助入睡。在我必须授课的那段时间里,我往往必须在经历了一整天令人劳累的讲课与寒暄后,还要在夜间火车的卧铺里入睡。倘若我睡不着,我的身体能撑多久?

我让自己成了一名火车睡眠专家。倘若我的方法能让我在嘈杂的卧铺车厢酣然入睡,那么我想这个方法也绝对适用于躺在柔软床铺上的你。

如果你发现自己不太容易入睡，请使用下列三四种方法。如果还是未能改善，请采用五六种。倘若你是长期失眠患者，那么请照着每个步骤去做。我从未听过有人在使用这些方法后，依旧失眠的——只要你能准确地知道何时以及如何去实行。

确保睡眠的 8 种方法

1. **喝一杯热的饮品。** 市面上那些打着能帮助你入眠噱头的产品，其效果最好也就跟一杯热牛奶差不了多少。你难道没想过牛奶与睡眠之间的关联吗？"噢，我的宝贝，你已经喝完一瓶了，是时候该睡觉了，让我来唱歌哄你入睡吧！"当我们喝着热牛奶时，就像是重新建立起人生中最快乐的习惯。

2. **按摩身体。** 从你的头顶开始，按摩自己的头皮。按压颈椎的最底端。接着搓搓你的脖子，透过将头抬起的方式来拉伸它。动作不要太猛，请轻轻且温柔地拉，并将一只手放在后脑勺。接着，按摩肩膀。现在，搓揉你的胃；稍微挤压胃部，想象胃液在里面流动着。觉得想睡了吗？如果有睡意，请停止动作并上床；如果没有，双手握拳放到身后凹背处，上下移动以放松你的脊柱。现在，按摩你的屁股和大腿，接着是疲惫的双脚。

3. **叹气、打呵欠练习。** 要睡觉时，婴儿会发出咯咯声、笑声、唱歌等各种声音；鸟会低声鸣叫；所有的动物——除了傻乎乎的大人以外，都会做出类似的行为。请开始规律地叹气，接着是打呵欠。时不时地就为自己那滑稽的过度紧张感笑一笑。感受床铺的触感，多么舒适。再多叹几次气。张大嘴巴，打呵欠，直到耳朵的压力被释放出去。假如你无法自然地打呵欠，请刻意让自己这么做。

4. **伸展与扭转运动。** 朝各个方向伸展与扭转。让上身躺在床上，将膝盖朝着左、右翻转。现在，扭转你的背部，再次拉伸。扭转全身，踢踢你的脚。如果你已经结婚或和别人一起睡，请先躺到床上，反复进行扭转动作，直到你的神经放松下来。然后再跟你的伴侣说你不会再继续吵了。

5. **轻柔地按摩眼部**。请非常轻柔地按压眼睛（当然，请闭上眼睛）。按着按眼球，直到眼球感受到手指的重量。现在，非常缓慢地加重力量，并揉揉眼睛。

6. **做愉快的梦**。假如你已经有一个非常吸引你的梦，那就用那个吧。如果没有，请试着想象出一个能让你平静、松弛、满足、慵懒的地方，像是被月光照亮着的南方沙滩，海洋翻滚着浪花。接下来的细节就凭你个人的喜好去强化了。每天晚上都可以使用相同的梦境，我们可从没听过哪个"梦中情人"会失眠的，认为自己不可能睡着的想法，一点道理都没有。你可以的，只要你有一个舒适的梦境，并且不要担心去发挥一点点无伤大雅的小想象力。

7. **试着深呼吸**。假如你在那令人昏沉的波浪中漂了一阵，此刻却依旧无比清醒，那么请开始深呼吸；透过你的鼻子，进行长且缓慢的呼吸。不需要太长，浓厚、充满睡意的呼吸听上去就像是海浪拍打着沙滩。躺下来聆听海浪的声音，听着、听着、听着——直到你像个孩子般熟睡。

下一个练习是针对特别顽固、喜爱唱反调、想要证明别人的方法都无效的人。尽管如此，此练习依旧仰赖他们愿意执行的配合度。

8. **精神性耳聋**。创造一个心理上的情境，想象自己听不见。将此种情境深刻地置入大脑深处。对自己说："我要挂掉电话了。我要关掉收音机。我再也不要听见任何声音。"重复这个过程，让自己沉浸在其中。每天晚上进行这个练习，连续 30 天。不要妄想这招能在你失眠的第一个晚上就奏效，因为当你的潜意识拒绝入睡时，我们唯有通过训练才能克服这个问题。大约一个月

The Art of SELFISHNESS

以后,你就能学会如何关上耳朵并入睡了。

为了让自己能在晚上安然入睡,请记得,在白天的时候,消耗掉的精力不能多过于你所能生产的精力,不要让自己过度疲劳。我们的任务并不是通过无止境的努力来残害身心。让你这么做的原因,不过是愚昧的无私。身体的匮乏绝对比银行账户的匮乏来得严重。

在上床睡觉前,请务必消除脑中一切的烦恼杂念。倘若你有问题无法解决,到自己的书房去,坐在那里直到你想清楚为止。在床上辗转难眠就跟尿床一样,都是不成熟的行为。无论是在心灵上或身体上,我们都需要良好的"训练"。

● KEEP IN MIND

深层的睡眠对成功来说,是绝对必要的。这是出于原始本能与必要的自私。

42 疾病与健康

> 尽自己所能治疗病痛,但不要因此长期活在对病痛的恐惧下。
>
> ——看待疾病的正确态度

以下内容摘录自一名医师写的信:

如今,社会大众需要了解的一件事,就是功能性(functional)疾病和器官性(organic)疾病有所不同。尽管如此,我们并不惊讶于人们总是混淆这两者,有许多医生甚至连自己都没能清楚地区分它们。

除此之外,在真正的精神与腺体失调症状和纯粹由想象所导致的阴郁间,也有非常大的差别。精神状态对于身体的影响是如此潜移默化且难以察觉,许多时候,充满活力的精神远比任何药物更有效果。关于家庭医生的种种优点,有太多值得我们去肯定的。由于这些医生对于病患的认识时间非常长,也非常清楚对方的生活,因此他们总能针对病患做出极为精确的诊断。

除此之外,当他们带着友善的微笑来到病患的床边,执行那熟悉的看诊步骤时,其带来的抚慰往往能给予病患勇气及信心。我们确实可以嘲笑此种信仰疗法,但是当我们将此种带有益处的好感从治疗方法中移除后,药物所带来的疗效也就减去了大半。无论药效是多么强大,或看诊的医师经验又有多么丰富,信心仍旧是无可取代的。

The Art of SELFISHNESS

对于那些为了自己或为着家庭成员而开始关注精神健康的人来说，这段文字所传递出来的信息是非常重要的。我们绝对不应该质疑现代医学的疗效，及其无与伦比的进步为人类健康所带来的保障。但我们也确实应该看重这名睿智的医生所陈述的论点。

当出现疾病时，你的目标就是克服它。你需要应付的处境为何？而你对病患所做的行为或所说的话，又会产生什么样的效果？每个医生一定都面临过无数次这样的情况：家中只要有一名紧张兮兮或歇斯底里的成员，其对病患所带来的负面效果总能轻易打败好几位医师的努力。所以，将那些讨人厌的三姑六婆赶得越远越好。

认识许多美国优秀医生的我，必须警告读者，倘若家中有人生病，请避免出现下列的错误行为：

- 不要拒绝专家的建议，直到为时已晚才急着去寻求协助。
- 不要接受疯狂的疗法，并在疗法失败后谴责一切的药物。
- 不要相信那些关于疾病的无稽迷信。如今仍有许多古老、愚昧的迷信流传着。
- 不要忘了，当家中有人生病时，其生理上的卫生绝对比平时更需要注重，而病患摄取的食物往往扮演了关键角色。在这方面，医生懂的比厨师多。
- 正确的态度跟良好的身体照料同等重要。倘若在医生离开后，整个家就陷入一团混乱或成为阴郁的深渊，那么药物的疗效将大受影响。
- 多数的生理疾病都会产生心理及情绪层面的影响，这些被称之为功能性疾病。过去所谓的"神经衰弱"、结肠炎和许多类似的失调症状，在治疗方面还须仰赖自身的态度。除了接受医生给予的药物，也应该听从医生的建议，并将其放在心上。
- 如果医生表示你的症状有绝大部分属于疑病（hypochondria，过分担心身体而认为自己生了病），不要因此大发脾气或换其他的医生。有太多人都是因为自身的恐惧与负面态度，才导致身体出了问题。
- 请确认自己不是为了获得关注才出现病状。在美国，这已经成为普遍的现象。

请想象以下的画面：玛莉·史丹顿因为结肠炎而躺在床上。范斯医生正在跟她的母亲谈话，试图让她明白：对于这名快快不乐的年轻女孩那自怜自艾及渴望获得关注的个性而言，这名母亲是如何扮演了推波助澜的角色。范斯医生强调，玛莉总是习惯去想那些会让她不开心的事情，她的态度已经出现了问题。

"我没记错的话，你姐姐是一名基督教科学派（Christian Science）的信徒？"他试探性地问道。

"是的，为什么提起她？"

"我在考虑要不要将你的女儿送去那儿住一段时间。"医生回答道。

"为什么提出这个想法，范斯医生？"史丹顿太太非常惊讶，"你这么做是为了什么呢？"

"这样一来，她就可以受那些拒绝承认疾病的人的影响。我并不是否认病菌或任何一切身体疾病的存在，我只是希望让你姐姐那乐观的态度感染你们。"

对于健康问题来说，这是一个极为重要的观点。我们应该知道自己对哪些食物过敏，但绝不能对此过于狂热。改善自己的便秘问题，但不要去迁就它。尽自己所能地治疗病痛，但不要因此长期活在对病痛的恐惧下。处理好感染，不要让其蔓延成一种恐惧。

如果让你生病的是你自己，那么为了康复你就必须勇敢地去战斗。询问你的医生，请对方告诉你十种可以令你放松、冷静、保持乐观态度的方法。请对方协助你，让你的注意力全部集中在如何获得健康上。如果你向对方表示自己想了解这些事,多数医生都会告诉你这么做是非常有帮助的。

心灵之于身体和身体之于心灵的交互作用,确实是非常重要的。在面对疾病时,绝对不要让自己的过度担忧(无论是为了任何人或任何事)导致病情加重。许多疾病会让我们感到抑郁,不要因此就认为自己有抑郁的倾向;有些不过是暂时性的。拒绝让自己被沮丧打倒,你就不会变得郁郁寡欢。

请用理性且冷静的态度和自己说话,通过自我暗示的方法来告诉自己会好起来,你就会看到自己逐渐好转。打败疾病的唯一方法,就是拥有正确的态度。找出那些可以让自己斗志昂扬的方法,让自己待的地方充满活力。

除此之外,当生病的是其他人,请务必记得负面的同情就如同毒药。只要对方在场,绝对不要提起任何关于疾病的事,或病人症状所面临的危险与悲伤。

因神经或腺体所导致的功能性失调,就跟因为受伤、感染、传染、病菌所引起的器官性疾病同样严重。信念、坚强和一点点的快乐,将能带来不容小觑的治愈效果。

还有一点非常奇特:渴望成功者往往较少生病。这或许是因为此种健康的生活态度,给了他们一层防护。认真追求自己目标的人,往往较少会去妥协,而他们也没有时间追求因生病而获得的自我满足。

● KEEP IN MIND

面对疾病时,绝对不要让自己的过度担忧(无论是为了任何人或任何事)导致病情加重。打败疾病的唯一方法,就是拥有正确的态度。

43 / 为钱所苦

> 为了追求财富而迷失自己，或许是最糟糕的自我满足。
>
> ——更多的财富能带来幸福吗？

许多年前，能模仿鸟叫的伟大艺术家查尔斯·凯洛格，通过一个巧妙的实验，证明了美国的民族意识是如何以钱为重的。坚信人类总是只听自己感兴趣的、会选择性忽略其余所有杂音的凯洛格，在嘈杂的街道上，故意扔了一角硬币到地上。行人们停下了脚步，开始搜寻那枚铜板。而他本人却在别人都听不到的情况下，在川流不息的喧闹车流间听到蟋蟀的叫声。

当别人跟你说他正在为钱苦恼时，他说的其实跟自己所想的并不一样。他害怕的是自己无法保有购买力。倘若他对自己的能力很有信心，他就能开心地摆脱这样的烦恼。

让我们想象一个你工作过度、患了感冒、全身上下都不舒服的日子。床硬得就像是你正躺在花岗岩上。你试着让自己睡一会儿，但你的眼睛不肯乖乖闭上，它们执拗地望着桌上的信封。

"账单、账单！"你怒吼着，"为什么它们连一个生病的人都不愿意放过？"

你躺在那里，思索着生存所必须负担的成本，这就是你在做的事，你的日常工作没什么特别的意义。艾宾顿医生当然可以轻松惬意地叫你应该多休息,并拿肺炎作为不休息的下场来威胁你。反正你很快就会收到他寄来的账单。躺在这里不但让你损失了100美元的医疗费,还让那些本可用于工作的时间溜走。

就像是特意打断你内心的牢骚般,艾宾顿医生走了进来,下午的视察时间到了。他记录了你的脉搏,测量了你的体温,而这一切小题大做的手段只能让你更加心烦。然而今天很反常地,医生在做完检查后没有匆匆地离开,反而坐了下来。

"孩子,你有任何特殊的请求吗,像是怎么安排丧礼之类的?"他问。

你吓得从床上弹起来。"你难道不觉得我会好起来吗?"

"刚好相反,非常不幸地,你康复得太快了,快到对于你未来的健康有不良的影响。这也是为什么我想跟你谈谈。如果你愿意待在这里几个礼拜,我们就会强迫你休息。然而现在的情况就是,或许再过一天左右,你就又可以回归到那步调紧张的日子里了。但你不可能维持多久,不可能以那样的方式活得太久。你必须放慢脚步。你为何不让年轻的合伙人多分担一些公司里的事?"

"当然,然后让他去赚那些本来应该归我赚的钱?医生,我有一半的症状都是出自财务压力。看看这些账单,我必须偿还它们,但此刻的我不知道该怎么去还。"

"你也不知道该怎么样活,而这才是真正严重的问题。你根本不需要花那么多钱。"

"可以麻烦你把这件事告诉米莉吗?"你轻哼道。

"我没办法,这是你的任务,而你应该聪明地去做这件事。这不是米莉的错,问题的源头是你。"

在这整整一个小时里,这名上了年纪的医师苦口婆心地劝你。你有哪些预算?你们是如何将家庭开销控制在收入之内的?你的孩子是否明白生活的成本?在预防不必要的支出上,大家各自扮演了什么样的角色?他察觉到了你的抗拒。

"在这个问题上,你的自我占据了很大的原因。"他强调,"你不愿意好好整理自己的财务状况,因为这么做会伤到你的自尊。你情愿让自己显得很大方,然后又为此烦躁。但这样是行不通的,这是美国人的生活模式,更是许多人中年早逝的原因。我并没有要你像苏格兰人那样简朴,尽管这么做确实是你当前所急需的。我不过是想要强调,既然你很担心财务状况,你就应该试着去解决财务问题。倘若压力不会杀死人,那么我根本不会去管你怎么做。然而压力确实会,而我的建议远比药物更有效。家庭应该是民主的,我不过是希望你理性且聪明地去应用那些自己再熟悉不过的方法。请看这里,我还有最后一个建议,倘若你还是不能接受,那么我就不再插手,任你自生自灭。你是否愿意安排一场由你自己、妻子、孩子共同出席的会议,并列出关于开销与你自己健康的问题?"

"但是将自己的问题抛给家人,实在太自私了。"你反驳道。

"如果你认为这叫自私,那么死于无私精神并留下孤立无援的他们,绝对更自私。"

"你希望我如何安排这场会议?"

"你听上去似乎不太肯定自己到底想不想这么做,但我还是回答你的问题吧。在你们所有人都围绕着一张桌子坐下来后,请你要求每位家庭成员列出他们认为必要的每月开销项目。"

"我的孩子们也要?"

"当然。如果你永远不给他们机会,他们要如何学到关于收入与支出的概念?将你们四个人所列出来的清单集中在一起,并根据重要性依序排列。将列表最下面的十个项目删掉,因为就你们目前的情况来说可能无力负担,或者在全家人讨论过后,以投票来决定。"

我见证过很多次这个方法的成功。倘若这个国家想要继续维持民主,那么自治就应该从家里做起。有许多家庭主妇和小孩对于家庭收入并没有清晰的概念。而在多数的情况下,开诚布公地讨论,就能改变对

The Art of
SELFISHNESS

方的观念。这么做甚至能改变一家之主的态度，使其能更成功地控制收入与支出的平衡。

当家庭中的每位成员能将自己的开销控制在1/4内，那么你在抓预算的时候，就无须担忧。我们不是活在野蛮时代，也不应该活在被奴役的恐惧之中。大野狼来了已经沦为一种比喻。然而，我们尚未摆脱经济上的神经紧绷。

正如同许多医生所观察到的，美国人的金钱疯狂，是导致如此多男性患有高血压的重要原因。此症状在美国人之间如此普及，和我们对财富的渴求有很大的关系。因为这样的欲望，美国人或多或少失去了生活的乐趣。我们创造了华而不实的生活标准，并迫使自己为着华美而豪奢的生活奔波。

有一件事是非常肯定的：当我们为了赚钱而让自己妥协时，钱就成为一种祸害。事实上，为了追求财富而迷失自己，或许是最糟糕的自我满足。

● KEEP IN MIND

不知道该怎么样活，才是真正严重的问题。你根本不需要花那么多钱。

44 如何致富与享受财富

> 当你能和财富携手合作时,它自然会给你回应。
>
> ——投资金律与生活的平衡

负责维修我们家暖气炉的工人,是一名来自意大利的男子。曾有那么几个月,他和太太只能依靠他替我们家清暖炉的微薄收入过活。现在,他们的日子好多了。

我有一个邻居,他掌管一间大企业。他花钱总是非常大手笔,但他赚到的钱远超过他所花的钱。他妥善管理着自己的财富。

至于那些不满意自己必须负担的税金、被逐渐高涨的物价追着跑的你和我,仍旧担心自己的收入或许会有一天跌落到无法负担当前生活的位置。我们必须保护自己的存款。

曾有那么一次,我认为自己最好寻求财务"专家"的建议。所以我向一名保守的银行家咨询自己的理财问题。他推荐我购买某几只股票。作为一位无比谨慎的男子,我又向一间大型信托公司询问了投资理财的建议,对方也给了我相似的建议。接着,我还向一位在证券交易所工作的朋友打听。对于我所得到的建议,他抱持肯定态度。现在,我手中共有600股这只股票,而这只股票当前的售价为一股两美分。

倘若我要给予别人关于投资的意见,我觉得应该从这点开始:"永远不要听信银行家、投资顾问或股票经纪人的话。你可以征询他们的意见,但做决策时一定要务实。"我用了八年的时间、通过无数人的经验和自身的经历,来确认这则建议的效果;现在,我非常肯定。那些以管理金钱维生的人们,其思考的方向总是摆脱不了金钱的框架。但关于财务,没有办法只讲道理。

钱并不能代表一切,但也确实代表了某些事物。你的思绪应该着重于其所代表的意义上。我们确实正在经历一场社会变迁,劳动问题正在增加。

你的那名保守的财务顾问或许不相信人生充满了意外,但无论他相信与否,这就**是事实**。

那么,对于你的问题来说,什么才是关键?有效的自私?当然,如果你指的是为自己的所作所为全权负责。

常见的投资型态共有六种:

1. 不动产。
2. 商品与食品。
3. 银行存款和保险。
4. 股票和债券。
5. 私人企业。
6. 政府债券。

在安排你的金钱上,也有三种方法:

1. 投机性的:赚取价差。
2. 冒险的:全部投进去。
3. 长久的:长期储蓄。

你选择哪一种方式,视你需要哪种程度的保护而定。不妨听听彼得·波林是如何改变自己的投资策略的。过去，他很喜欢投机。他并不是喜欢冒险，只是想要趁着价格上涨的时候好好赚一笔。他一直如此，直到市场崩溃。

现在，彼得·波林改变了自己的策略。他认为投资应该符合自身的收入，且需视国家的大环境与产业稳定性而定。所以他手中有：

1．一点不动产，位于税金较低的区域。
2．囤积了一点商品与食品，以应付上涨的物价。
3．银行里头有点储蓄。
4．握有一些较稳定的股票。
5．投了一点钱在经营方针较保守的私人公司里。
6．少量的政府债券。

成果如何？他的焦虑显著降低了，而他在公司中的表现明显提升；为此，公司还加了他的薪水。

许多年前，一名财务专家曾经说道："如果你为投资担心，就意味着你的投资分配不够有效。"这确实是金玉良言。如果你因为自己的存款而担心，请认识到这是因为你的投资不够聪明。尽管你在投资多样化方面可能做得不错，但你的心理上却没有做好同样的准备。有些人或许可以给予你不错的投资建议，但对方未必能考虑到你的个人特质。在投资上，无论是理性还是感性层面，我们都必须考虑到。

只有谨慎地约束才能避免心理过度紧张。经济压力所导致的精神疲劳，是半数婚姻失和与父母亲面临困境的主因。我们应面对问题、承认问题，利用一段时间，好好去审视财务问题。面对你的恐惧，理解你的恐惧，和你在乎的人讨论自己的恐惧。接着，将这些恐惧收好，不要让它们一点一滴地窃占你的私人生活。

跟一些朋友谈谈他们自己在金钱上所面临的困扰，仔细研究关于此方面的信息，听听他们的失败经验，直到你开始也有些紧张。然后，请将自己的注意力转移到生活行为中。

缓解各种紧张情绪的办法，就是放下自己对该事物的过度关注，并采取完全相反的举动。丹·史特林一直因为别人欠自己钱的事闷闷不乐，他最后决定跳脱此种情绪，并对自己说："为此烦恼不会带来任何好处。我应该想想如何帮他们还钱。"

他开始行动，针对那些欠他最多钱的人，展开一连串他认为对其生活会有帮助的行为。第一名男子是二手家具店的老板，他推荐许多人去那间店，并让那些人带着自己的名片。第二个人是农夫，他安排自己住在城市中的朋友向对方直接购买鸡蛋。第三个人是音乐老师，他替他介绍了一些学生。他尽自己所能去提高那些债务人的偿还能力。一年左右，他收回了所有的欠款。

只有当我们确保了自己的生活质量时，这样的投资才叫好。那些不会轻易让自己妥协的人，也不会轻易地浪费自己的收入。追求财富的危险，就埋藏在那些只是为了追求自我满足的诱惑中。当你能和财富携手合作时，它自然会给你回应。天助自助者。

● **KEEP IN MIND**

永远不要听信银行家、投资顾问或股票经纪人的话。你可以征询他们的意见，但做决策时一定要务实。

THE ART OF SELFISHNESS

VII 成功法则

45　带来成功的习惯

> 想象你躺在临终的病床上，回想这一生并问自己："倘若我能重新活一遍，哪些事是真正重要的？"
>
> ——找到你的天赋与职业

在自己不擅长的事上摔跤，其实是件好事。要不是我们笨手笨脚地出错了，或许我们会继续为这件事做牛做马。因此，如果你觉得自己再也无法继续做这件不适合你的事了，那么就请带着喜悦和感激之情来看待它。

当你见到一名无精打采、显然缺乏企图心和精力的年轻男子时，请不要立刻判断对方是一个软弱的人。不妨想想：当你必须应付自己不擅长的事物时，你不也总是感到特别疲惫吗？沉闷就像是一种警告，警告我们不应该继续过这样的日子了。

你说，这个理论太理想化，我们是为了填饱肚子而不得不工作，为了活着而不得不四处求温饱。我同意，而且我还可以补充：在这个伪文明的世界里，我们鲜少去关注一个人的特质与其从事的工作是否合适。我们可以在完全忽视一个人的性格下，要求他去从军，或成为一个劳动力。如果他失败了，太可惜了，这就是这个社会过去一贯以来的态度和当前的做法。

无论是谁雇用了你，都是出于一个自私的理由。你的工作表现必须

The Art of
SELFISHNESS

高于对方付给你的薪水。因此，如果你能展现出更高的活力、作为、警惕性与效率，你就越有机会保住这份工作。所以在找工作时，不妨问问自己："我对工作的渴望，已经超越我对活出自己人生的渴望了吗？我是否可以同时拥有两者呢？"在这些问题之上，是关于适不适合的探讨。

世上有两种人：工作者，和那些认为自己想要工作者。工作者努力地让自己成为不可或缺的存在；而那些只是想要工作者，则以自己的角度来理解想要这件事。

我们可以发现有些人尽管并不懒惰或沉溺于自我放纵，却因为自身的天赋特质，陷入了特别辛苦的处境。尽管如此，无论一个人多么特殊，我们都必须面临抉择：要工作，还是要追求自我。倘若你要的是安稳，就必须不计代价地以安稳为自己的出发点，根据经济需求改变外显行为，同时保有自己的信念与内在的健全。只要我愿意，我可以在白天搬八个小时的砖，晚上又为社会公益而奔波。我可以工作，并同时保有独立自主的思维。我不需要因为社会的停滞不前而退化，也不需要像银行家那样贪婪。

倘若我所选择的领域未能让我一展长才，这也不意味着我就必须与社会冲撞——无论我的思维是多么地超前。在当前的社会里，所谓的好运须视我们如何有效地在社会中发挥自己的人格特质而定。

解决多数失业问题的秘诀，是由四个步骤构成的：

1. 让自己适应当前的社会。
2. 拒绝妥协：这意味着你要保有自己内在的观点与信念，并持续努力强化它。
3. 无论你的工作是什么，都请全力以赴，让自己成为一个有用的人，让这个社会**需要**你的付出。
4. 拥有业余爱好，或不以赚钱为目标的活动，让自己的烦躁与创作力得以抒发，并能借由这些能力的实践来逐渐改善自己的经济与社会状况。

当人们无法取得它们之间的平衡时，往往就会陷入失败；而失败往往是因为适应不良或过度适应。只要我们继续基于社会习惯、视妥协为不可避免且可以原谅的行为，扭曲的情况就会继续存在。被精神颓丧所困囿的人们，将继续为自己的无所作为而蹒跚前行。

长期以来，诺伯特·韦尔斯一直为自己的前途感到困惑与不安。他不知道自己该做什么。每个人都讲着"这是大好机会""那里还有空缺"，但诺伯特实在无法肯定。经常失败的他，对任何事情都不抱任何期望。尽管如此，有几件事他还是确定的：他喜欢说话，也喜欢人们；到处走动能让他感到开心；固定上下班对他来说很难受；对他而言，多变的环境似乎是必要的。他的父亲总因为他无法固定做一件事而责备他。

诺伯特求助于一名职业生涯发展顾问，而对方建议他将自己喜欢和不喜欢的事情组织成一个心智系统，找出一种诺伯特或许可以成功适应的生活形态。

"让我们来看看，"顾问若有所思地说着，"你不喜欢一成不变的事，但享受无止境地与人争论。这是一个很好的暗示，表示你想要说服他人，且倾向于传播事情。你很喜欢结识各式各样的人，这能让你振奋。现在，让我们想象你将这些当成自己的工作，这样不是挺有意思的吗？"

"当然，但我需要赚钱啊。"

"那么，如果让你带着目标去跟别人聊天，会让事情变得比较无趣吗？"顾问继续追问。

"当然不。我敢肯定，这意味着我在对话中，将面临更高的挑战。"

"很好。现在，你喜欢说服人，你喜欢教其他人，你喜欢抱持着动机或目标去行动。那么，你有想过当保险业务员吗？"

The Art of
SELFISHNESS

"没有，从来没有过。"

"那么让我们仔细想想看。这份职业能巧妙地运用你的天赋。何不想想，如果你从事了这份工作，你的一天会是什么样子的。请你每天晚上都花点时间去思考，帮自己厘清这份工作到底符不符合你喜欢跑来跑去、和人交谈的兴趣。"

在关于职业问题的思考上，共有三种处境：第一种是还在学校的年轻人，思考着什么样的工作才是理想的；第二种是已经毕业的人，但仍旧不知道自己想做什么；第三种也是最多的一种，则是和诺伯特一样的成熟大人，为了赚钱去做和自己个性完全不符合的簿记员。

调适的原则，同样适用于此三种情况：让工作去适应人，而不是让人去适应工作。事实上，这也是唯一可以带来成功的永续之道。

现在，几乎每一所大学都能提供方法，来判断你的能力倾向。离你最近的大学的心理学系会告诉你，你可以接受哪些测试。

你希望十年后自己成为什么样的人？请试着写下来。当然，我们不可能只是靠着空想，就让命运变得如自己想象。尽管如此，知道自己的期望、定义自己的目标，是开启连锁反应的第一步。在写下这个故事时，不要只将重点放在自己所期望的事情上，还要同时描述你是如何克服命运阻挠的。

有一件事是可以确定的：任何一个愿意追随自己兴趣的脚步、磨炼自身智慧、一心一意、懂得培养兴趣的人，他在生活中永远不会失败。

想象你躺在临终的病床上，回想这一生并问自己："倘若我能重新活一遍，哪些事是真正重要的？"临终之时对你而言非常重要的事，就算是放在此刻，也同等重要。

此外，请尽快阅读由威廉·詹姆斯所写的《论重要储备》(*On Vital Reserves*)。至少读十遍，尤其注意他对于重整旗鼓再出发的观点。接着，在你第一次的尝试失败后，请持之以恒地继续努力，等待第二次机会的来临。

下列的评估指标并不是就业指导，而是系统性思维的范例：

100%—天才
90%—异常优秀
80%—优秀
70%—超于常人
60%—略优于常人
50%—平均

40%—略逊于常人
30%—逊于常人
20%—弱
10%—极弱
0%—无

请根据你对以下指标的天分或兴趣，记录下自己的百分比，接着将主要的天分集结成一项能力。

性向测验分析如下：

数学……………………□%
医学……………………□%
政治……………………□%
军事……………………□%
社会……………………□%
机械……………………□%
化学……………………□%
电气学…………………□%
宗教……………………□%
教育……………………□%
商业……………………□%
文学……………………□%

诗词……………………□%
艺术……………………□%
建筑……………………□%
科学……………………□%
法律……………………□%
音乐……………………□%
农业……………………□%
戏剧……………………□%
家政……………………□%
心理学…………………□%
批判……………………□%
工艺……………………□%

The Art of
SELFISHNESS

请参照范例在此列出最突出的五项才能。

> **范例:**
> 布朗的五项才华
> 戏剧·················90%
> 文学·················80%
> 心理学···············80%
> 艺术·················70%
> 批判·················90%
> 他的整体性向为：戏剧批判82%

上面只是一个非常精要的职业平衡范例。常见的职业有五百多种，更有上千种特殊差异。上面的24种只是职业倾向。

● **KEEP IN MIND**

任何一个愿意追随自己兴趣的脚步、磨炼自身智慧、一心一意、懂得培养兴趣的人，他在生活中永远不会失败。

46 / 接受失败

> 不要被第一次的失败击倒。该行动的时候,不妨来一场冒险。
>
> ——摆脱懊悔与愧疚感,才能成长

你是否曾经注意到,那些心怀悔恨的人,对于自己在人生上的亏欠总是无所作为?他们持续让自己扮演着毁灭者。只要我们的道德教条继续放任他们那具掠夺性的多愁善感,他们就可以一辈子这样下去。

重点在于:懊悔会让人忧郁、沉重、负面。这种情绪会摧毁人的能力,让他们无法顺利发挥自己的力量。就此点来看,懊悔是纯粹的恶。当其带来的阴郁只是为着自我满足、当其诱发的歉意只是出于自虐时,我们没有任何理由去容忍它。

因此,我们应该学习接受错误。错误总会发生,让我们以崭新的态度来面对,并观察这犹如奇迹般的改变。

四年前的克莱拉·艾特沃特鲜少露出笑容。她的眼神总是充满悲伤。她的心中埋藏着一股罪恶感,而这些罪时不时地戳刺着她的良心。愧疚感的喧嚣让她迷失了自己,导致她犯下更多的错误。

这样的生活方式只会诱发疯狂与接连不断的错误,可怕的错误又引发其他的错误。罪恶感啃食着我们。认定一切的不幸为一种惩罚的我们,舍弃了自己的勇气与力量。

然而,有一件事是不容置疑的:当你为自己做的某件事而感到羞耻

The Art of
SELFISHNESS

时,你就无法作出有效的改变。那些暗自认为高人一等的人,总在错误发生时,被铺天盖地而来的悔恨所淹没。"身为这样一个出色、绝顶聪明的人,我怎可能做出如此不完美的行为?"然而,我们其余的人都知道,错误经常发生。我们无时无刻不在出错——再耐心地去修正错误。

地狱就存在人的回忆里。在那个反复煎熬着悔恨的情绪漩涡里,因为自己没有付诸行动的懊悔,往往比做错事所造成的痛苦来得浓烈。无论结果为何,勇往直前的冲劲在某种程度上,都能给予我们保护。

眼前的错误已经够让人心烦的了,我们又何苦要将过去的悲痛强加在自己身上?有些人背负着半个世纪的重量而活,并为了这些重担咒骂着每一天;有些人将时间浪费在谴责自身冲动上,从每一个困境中搜集起苦涩的果子。

下面是我们经常犯下的错误:

- 我们从不停下脚步,去思考自己真正想要的。
- 我们不敢说出自己的目标。
- 我们匆忙行事,没有停下来"感受"自己的行为。
- 我们无所作为,根本不敢付诸行动。
- 我们为第一个错误而惊慌失措,就好像这个错误有多么重大似的。
- 我们因为忽视事情的真相,而不停担忧。
- 我们变得情绪化,总是人身攻击、对人不对事。
- 我们被义务的幻象所迷惑。
- 出于对问题难度的恐惧,我们将困难夸大。
- 出于各式各样的原因,我们扭曲了眼前的情况。
- 我们只看到问题本身,而不是解决的方法。
- 我们遗忘了冒险——征服的冒险——所带来的快乐。

接受失败

失败为成功之母。没有人能在不犯任何错的情况下，就建立起做人的成就。**傻子才会认为有所谓的一百分**。倘若你不敢挑战现实，现实就会来挑战你。不要被第一次的失败击倒。该行动的时候，不妨来一场冒险。错过机会有时比欠缺考虑还要糟糕。考虑得太久、太多，某些时候也会成为问题。**犹豫不决者只能被他人所支配**。

秘诀就藏在行动里。能思考的时候思考，但不要忘记行动。说穿了，倘若你什么事都不做，那么又有什么事需要我们去改正？如果你希望在人生这场战役中，取得最终胜利，你就必须遵守普遍法则。那些因为顺境而耀武扬威、因为逆境而卑躬屈膝者，很快就会因为这样的起伏而头晕目眩。当你一帆风顺时，请收敛好自己的傲气，掌握好自己的平衡，成功就能稳稳地攀扶着你。

当我们认为自己在无私行为上表现得不够充分，并因此感到羞愧时，我们往往会陷入一个阴郁的循环中，躺在床上忧伤地想着自己的困境，却不懂得停下来仔细思考这一切的成因。只有当我们对过去那个犯下错的自己抱持信心，我们才能从过去的失败中记取教训。倘若你是一个愿意不断犯错的人，那么你就能在每一次的不完美中学到更多。倘若我们被自卑打倒，那么我们便只会重蹈覆辙，徘徊在过去的污点上。

沉浸在此种自卑心境下的人，很容易就会开始贬低其他人。我们还将自己的自卑情结转移到亲密伴侣的身上。只有当我们懂得放下时，我们才有办法解开这纠缠人类已久的诅咒。人们总爱互相责怪，正因如此，我们更应该谨慎，不要在他人心上留下任何不安。

在某种程度上，这是埋藏在普遍失败下最为关键且最常被忽视的一种错误。请注意这种错误是如何藏身在以下事物中的。

The Art of SELFISHNESS

72 种导致失败的行为

- ☐ 强迫他人
- ☐ 让别人感到内疚
- ☐ 推卸责任
- ☐ 剥削他人
- ☐ 鲁莽的自信
- ☐ 不让别人有表达自己的机会
- ☐ 用大吼来迫使别人接受
- ☐ 在别人还没表达完时，就开始挑毛病
- ☐ 不愿意配合
- ☐ 让亲密伴侣背负着过沉的负担
- ☐ 以轻视的态度表达想法
- ☐ 开始胡言乱语
- ☐ 认为别人都是任性的
- ☐ 用外表来判断别人
- ☐ 不尊重自己的孩子
- ☐ 闹到别人不得不来阻止你
- ☐ 在错误的时间点提起不恰当的事
- ☐ 承担过多的责任
- ☐ 过于专断独裁
- ☐ 用压力使他人胆怯
- ☐ 僵化的道德观
- ☐ 视问题为永久性的
- ☐ 将自己的偏见神圣化
- ☐ 依靠别人生活
- ☐ 找替罪羔羊
- ☐ 认为小孩能挽救婚姻
- ☐ 因为男人的天性而责备他
- ☐ 成为一个"不完整"的人
- ☐ 害怕去体验
- ☐ 失去冒险的动力
- ☐ 过于关注结果
- ☐ 屈服在沮丧之下
- ☐ 认为悲惨的工作总会过去
- ☐ 凭运气
- ☐ 没有留后路
- ☐ 不筹备计划
- ☐ 忍受某种情况过久
- ☐ 利用血缘关系
- ☐ 用钱的标准来衡量人
- ☐ 认为另一半为自己的"所有物"
- ☐ 对亲密伴侣没有礼貌
- ☐ 在争执中开始发脾气
- ☐ 以高人一等的姿态和同侪相处
- ☐ 试图使人印象深刻
- ☐ 没解释就期望别人能理解
- ☐ 在女性面前带着优越感
- ☐ 遇到男性就试图照顾对方
- ☐ 用自己的恐惧来影响孩子

- □ 因为受到伤害而进行报复
- □ 傲慢且不坦率
- □ 不去思考原因就接受建议
- □ 过于拘泥字面意思，只在乎逻辑
- □ 没有一丝幽默感
- □ 因为别人的胁迫而心烦意乱
- □ 不知道何时该撤
- □ 试图面面俱到
- □ 没能集中自己的注意力
- □ 预期得到一定的结果
- □ 认为人都是文明的
- □ 坚信社会的习俗与标准
- □ 认为理想应该要被理解
- □ 根据生命的现状去评断生命
- □ 认为命运不可违逆
- □ 在应该采取行动的时候，没能行动
- □ 不敢去扭转局势
- □ 任由事情恶化直到变成一场危机
- □ 没能维持目标的集中
- □ 不在乎趋势
- □ 对已发生的事抱持抗拒
- □ 不在乎即将发生的事
- □ 在鸡还没孵出来前，就不停数着它们
- □ 让一开始的失败绊住自己

要想妥善利用这份清单，我们就必须从中找出自己的缺点（或让亲密伴侣来勾选），**接着试图改变这些行为**。许多人在发觉自己犯错之后，自尊心受到打击，并为自己的窘境而感觉受到侮辱。他们表现出来的态度，就好像这一切都是别人的愚蠢所导致的。处在此种情绪之下的他们，也往往不愿意给予同伴机会，看看问题可以如何解决。只有那些不纠结于自尊心受损、懂得立刻分辨眼前情况优缺利弊的人，才能赢得他人的配合，并进行改正。

请写下你犯错的原因，并将其与更好的方法进行比较。无论任种情况，都请放下自己的恐惧和愤怒，这些情绪不会带给你任何好处。

这是成功处理问题的基本态度。克服困难的第一步，往往就是放下自己的抗拒。许多人都会犯的错，就是过分关注问题本身，而忽略了该

如何去克服问题。请扪心自问："这个问题为什么会存在？只是为了惹怒我吗？还是为了让我得以成长并成熟？"每一件事情的发生，自有其原因。

为了说服自己接受事实，不妨回顾一下过往所遇到的问题是如何对你造成影响的。问问自己，你难道情愿自己从未经历过这些成长？接着，再试着想象当下的痛苦处境将如何帮助你成长。此外，牢记下面这份清单也会给予我们极大的帮助。

处理问题的十大方法

- 永远不要抗拒问题的出现，每个人总会遇到各式各样的困扰。
- 对那些导致问题的人，保持亲切。温柔的接受能减缓困难的冲击。
- 尽快去熟悉这一问题，熟悉能让我们更容易洞察事物。
- 试着找出自己应该从这一令人困扰的经验中学到什么。
- 痛苦就和快乐一样，能使我们成长。许多问题永远无法解决，但能让我们成熟。
- 试着去思考当前的处境是如何有趣、浪漫，甚至是令人开心的。
- 问问自己，你真的如自己所想的那样心烦意乱吗？
- 试着找出当前窘境中有趣的那一面。
- 总是试着与那些造成你困境的人、事、物做朋友。
- 无论发生了什么，请记得：善良是无坚不摧的。

● **KEEP IN MIND**

倘若你是一个愿意不断犯错的人，那么你就能通过每一次的不完美，学到更多。

47 / 如何应对危机

> 面对人生的诀窍，可以总结为一句话：
> 学习倾听自己的声音。
>
> ——人生危机解密

在应对危机上，只有一种有效方法：坦然面对，正面迎击。任何其他包含妥协的方法（如逃避或只能作为权宜之计的退缩），都会招致失败；就算置之不理，也无法让我们躲掉灾难的降临。

许多年前，有一群男人面临了一场危机。其中一位深知坚定才能带来力量的男子，大声疾呼："如果我们不能团结起来，就会被一一击垮。"帕特里克·亨利明白做决策的原则。多年后，一名船长被要求投降，并交出自己的船。但他没有放弃这场仗，他掉头朝着敌人驱逐舰的船尾靠近，从安全的位置上缠住了对方的船。约翰·保罗·琼斯知道在深思熟虑后下定决心、出其不意迎击的重要性。

历史记载了成千上万个人们以无比的胆识和力量，在危急关头迅速采取行动的故事。绝大多数人依旧深信，此种勇敢的决策往往是出自本能的反应。然而，研究告诉我们并非如此。鲁莽的勇敢能缔造成功，往往也能带来失败。英雄主义并非基于一时的冲动。**英雄懂得准备**。歌德认为，天才"能无止境地去承担痛苦"。对于那些因无心之举而得来的成功，我认为或许称不上伟大。没有人能因为纯粹的运气而经常成功。

汉尼拔选择从比利牛斯山后侧偷袭罗马人、入侵意大利的行为，有

The Art of SELFISHNESS

损于他的英勇吗？汉尼拔全副武装、带着大象翻越阿尔卑斯山脉的故事，成为历史上最了不起的战役之一，而他那充满想象力的策划、对时机的掌控、果敢坚决，都显示了他是一名了不起的英雄。

在这个如今被科技主宰的世界里，我们需要唤醒人们对于最伟大机制——人脑的崇拜。我们必须重建起自己对于人脑能力的信心，并见证其在受过训练后，可以如何协助人类克服往后的困境。

你是否质疑过自己的能力？假设你在一场车祸中受伤了，一名路过的车主停下了车，赶过来帮你。她轻柔且迅速地为你包扎好伤口。她是一名护士。在她一边替你包扎、一边想办法让自己镇定下来的同时，她正在用自己的能力去帮助受伤的人们。她必须先让自己学习、成长，才能展现出这样无私的行为。同样，我们也必须找出、强化并运用自己的大脑，才能作出同样的行为；当你释放、加速并厘清自己的想象时，当你找出、改善并使用自己的判断力时，你其实就是在使自己完备，并活出自我。

此种利他主义和自我牺牲不同，这是自用（self-use）。那句了不起的名言"凡牺牲生命者，必然得着生命"，指的并不是草率地将自己的力量扔进水沟。美德并不存在于善良之内，而是存在于实现善良的能力之中。弱小者无法持续为他人付出，我们无法在脆弱之余又行善事。

由此可知，生活的艺术就藏在保有自己的活力之中：察觉该如何去引导它，也是我们长久以来一直在学习的事。当婴儿时期的我们用充满活力的肺放声大哭、索求满足时，学习就开始了。我们的第一种体认——感知，让我们知道自己是否饿了、冷了或尿布是否湿了。我们想要舒适。在察觉到可以从父母、护士、家庭中获得帮助后，体内的自我开始发出需求的信号。这是正确的，应该持续到我们足以满足自己为止。接着，我们的自我必须根据他人自我的需求，来进行调适，这趟漫长的学习之旅也同时展开了。

此种根据世界来调适自己的行为，就是衍化并逐渐掌握智慧的过程。当我们在朝着目标前行时，我们必须认识到真正能缔造快乐的能力，就是让所有人获得与自己期待相符的自由。唯有如此，我们才能免于成为那个小小的自我主义者，而不再像个闹脾气的孩子。

面对危机时的几点原则

唯有停下来思考，我们才有机会将想法付诸行动，让自己成为征服的工具。

人类不断累积智慧的唯一目的就是——使用。面对人生的诀窍，我们可以用一句话来表示：**学着倾听自己的声音**。将所有扰人的偏见与思维扔到一旁，放下昨日的羁绊。智慧就埋藏在我们对于当前处境的思绪之中，就在看见、听见、碰触、审视的思维中。

不知道有多少次，我们总是这样想着：倘若这里或那里能有所不同，我肯定就能创造奇迹。这样的想法确实不假——要是我们能抛弃这样或那样的个人习性、舍弃所有使我们变得脆弱的自我主义，那么我们确实能获得成功。处理危机的第一步，就是从自己下手。

对于心胸开阔者而言，处处都有值得留心之处。然而，对于一个思维僵化者而言，警笛就是警笛，轰隆声就只是轰隆声。他的大脑并未接收到这些信号背后的意义。他之所以失败，就是因为其自以为务实而忽视了实际状况，在各种事情上力求效率，却没能注意到事件背后的含义。

人们渴求指引，眼里关注的往往都是自己。尽管处处都有玄机，但自我主义者却视而不见。秘诀其实很简单：摘下自己的骄傲，就如同摘下那不合适的眼镜。比起社会习俗或个人见解，现代科学绝对能给予我们更好的视野。此点是成千上万名坏脾气的年轻愤世嫉俗者必须谨记的。对于人类的能力而言，没有任何一个人可以无所不知、无所不能，我们必须明白此点。

触及现实是进行调适的首要条件。我们不能只看人生的表象，而应该用心挖掘。这也是总是拘泥于事物本身的人永远无法掌握事物的原因。最傻的人，就是知道事实却不明白个中原因的人。

懂得观察征兆的人，才能引导事情的发展。真相并不只是存在于事实中，更存在于所有事实的发展倾向、潮流、动态和衍化中。人生永远不会静止。昨日蜕变成今日。动机是推动事情向前走的力量。我们如何应对这股动力，将决定我们的成功与否。

古人建议我们三思而后行。现在，我们必须加上额外的一点：思考前，请先去感受。缺乏情感的智慧将同样缺乏力量。先有渴望，才有成功。热情是目的的发动机。

没有目标的人，虽活着却犹如死去，甚至不如死。在进步的道路上，挤满了漫无目的的人们。不要在他们身旁停下脚步。再一次去感受，感受每件事物。舍去了情感后，人也没有了动力。行动与热情本质上是一体的。

是什么让你对自己的处境充满愤怒？找出让你感到焦躁的原因。下定决心，攻击这些点。但告诉自己，成熟的热情才能带给我们稳定的冷静。只有不成熟的愤怒才会使人气急败坏、恶言相向，就如同小孩吵架般，总是充满了威胁的言语和尖叫；成熟的愤怒是平静的，如同死亡般寂静。它不会让我们有争吵的冲动；它让我们懂得评估；它没有展现自己的欲望，只是搜寻着可采取的行动。请好好地利用而不是滥用自己的愤怒。面对愤怒，应以判断力来引导，以智慧来教化。但请仔细聆听愤怒的声音，因其知道何处该进攻，又该如何变强。

每个人的心底，都住着一个英雄和一个懦夫。无论是何者，我们都能与其产生共鸣。我们与何者为伍将决定我们的个性，我们应学着去爱其所厌恶的。当我们懂得利用愤怒来对抗懦弱时，勇气就会随之而来。

在任何情况下，都不要成为一个活死人。在听闻某些沉默而强大的伟人事迹后，有些人被那种冷酷无情的庄严所吸引，让冰冷、漠然的情绪霸占自己的感受。默默的努力和低调的成功，并不与兴高采烈和微笑抵触。

有些人会刻意摆出深思熟虑的样子——那种漫长而刻意的思考状态，而这些有时却只是假象。伪天才需要进入那哗众取宠的静默仪式，才能使其相信自己是聪明的。真正的判断力，总是迅速得如同闪电。真正的强者能在电光石火间做出反应。请将你的数小时浓缩成数秒。聪明而迟钝的人，实际上与愚者并无不同。

活动你的筋骨，让你的思绪活跃起来。问题越严重，就越需要我们行动起来。永远不要呆坐着，放任自己沉浸在阴郁中。站起来，四处走动，伸展四肢，进行几次深呼吸。当一辆车在爬坡时，往往会需要更多的汽油。当大脑飞快地运转时，我们需要更多的血液。因此，别忘了，只有傻子才会静静地躺着，以为自己确实在思考。行动能让我们的智慧运转起来。

换句话说，让自己就像个聪明人般动起来。当你追寻着聪明人的脚步时，别人自然会把你跟他们归为同一类人。

然而，这并不意味着你应该要跟着群众横冲直撞。这个世界上有太多人尽管不停动作着，却如同狒狒般毫无目的。我们无法靠仓促行动来获得智慧，无意义的行动跟失去动机是一样的。

因此，我们只能带着特殊目的去行动。先起一个头，再去观察事情的发展。当事情开始运作后，生命自会施予其创造的力量。先自助，而后生命助之。起而行，并集中自己的注意力。让我们自身的行动看上去就"如同"是在解决问题。

当我们卸下身上的重担时，我们就能走得更远。

导致失败的 12 大原因

- 相信金钱是万能的，无法承担行动的代价。
- 过去与现在的抵触、自相矛盾的结论，让已故的先祖成为人生的绊脚石。
- 为对立的策略感到困惑，并因此停下脚步。

The Art of
SELFISHNESS

- 懦弱地认为疾病就是不容置疑的。
- 认为情况是无法改变的。
- 每当面对"困难"就会习惯性地去妥协。
- 因为不同的价值观所导致的理念冲突。
- 快乐与成就原则的抵触。
- 源自亲密关系基本问题所导致的僵局。
- 人际关系中因立场相反所产生的压力(即两人的做法背道而驰)。
- 错误地接受有害环境对自身造成的影响,从而停滞不前。
- 因恐惧和道德焦虑所产生的阻碍。

永远不要任由一件事整天困扰着你,却不让自己试着去改变它。

8 项错误假定及其运作的原理

- 认为对自己重要的事,对别人来说也同等重要。
- 认定别人就跟自己一样,为着某些情况而受苦。
- 想象全世界和命运都在对抗自己(背后一定有某些"阴谋")。
- 认定不会有解决方法,也不会有答案。
- 认为自己和其他人都不能拥有自我的权利与偏好。
- 将自己放在宇宙的中心——无论是认为自己更好还是更坏。
- 认为世界是文明的,而不是一个披覆着文明外衣的夹板。
- 认为真理已被确立,是非黑白是绝对的而不是相对的。

产生问题的 12 种意识形态

- 认为全世界都欠你。
- 觉得有迅速发财的方法。
- 拒绝培养务实的工作习惯。

- 因为沉迷于玩乐而过于疲惫。
- 认为自己没办法学会良好的睡眠习惯。
- 为自己持续遭遇的困境去责怪他人。
- 认为命运在对抗自己。
- 等着好机会降临而不去尝试。
- 比起克服困境,更在乎能否安逸。
- 让别人主宰你的人生。
- 担负着别人的重担。
- 因为爱的诱惑而失去了理智。

被误称为自私的行为

- 选择自己的职业。
- 选择自己的婚姻伴侣。
- 选择自己想要结交的朋友。
- 选择自己的信仰。
- 找到最适合自己的环境。
- 运用自己的时间。
- 表现出最平常的反应。
- 保护自己的隐私。
- 决定自己的责任义务。
- 衡量自己的标准。
- 自己决定是非对错的标准。
- 拒绝一切不正直的妥协。

当然,如果只是阅读这些清单,而不从自己的人生中找出这些问题的痕迹并试着去改变自己所身处的情况,那只是毫无意义的阅读。无论在何种处境下,我们都可以至少做到将问题局限起来,防止其主宰我们的人生。只要你愿意，你就能做到；只要你能停止纠结，你就能做到；只要你能针对需要改变处好好计划并选择看似可行的方法，你就能做到。有些时候，尽管我们没能及时避开问题的纠缠，但总有些行动是我们可以采取的。记得，**新的一天就意味着新的机会**。

错过洞烛先机时，该怎么办

- 愿意坦然面对自己犯下的错误。
- 明白人非圣贤，孰能无过。
- 去思考：倘若你能洞烛先机，你又会怎么做。
- 利用自己还来得及做的行为，来平衡已发生的危机。
- 拟订修正方案，找出自己可通过哪些行为来弥补。
- 放手去做——尽可能地将计划的效用发挥至最大。
- 不要期望自己可以得到完美的结果。
- 接受自己必须要付出比原本更多包容与耐心的事实。
- 不要因为自己过去的犹豫不决，而怪罪命运。
- 下定决心去做，直到你逐渐改善整个困境。

成功的 8 种方法

- 专注当下。
- 尽自己之力来解决问题。
- 接受结果。
- 在面对问题时，不要将自己代入。
- 倾听"直觉"的指引。
- 让自己的智慧运作。
- 仔细观察。
- 行动，永远保持初心。

面对劣境的 12 点建议

- 问题越奇特,解决的方法就越需要独特。
- 极端的问题需要极端的解决之道。
- 在你亲自去证明之前,不要假定问题是巨大的。
- 生命中的问题就如同数学难题,需要我们仔细运算。
- 找出最可靠的人与最可靠的事物。
- 不要认定那些造成你困扰的人都是故意的,甚至认为对方将你放在心上。
- 不要因为别人的无心之过而责备对方。
- 不要因为舍不得指责对方,就不去谴责对方所做的恶行。
- 无论问题针对的目标为何,都请面对问题。
- 请记得,天使并不住在我们家附近,更不住在我们家。我们都是人类。
- 请用同样的怜悯心去对待生病的躯体和生病的心智。
- 多数的问题都是因为无知和误解所起。在你做出进一步的行动前,请移除此两者的影响。

解决问题的秘诀

请熟悉问题的每个方面,去看、去听、去碰触每件进入你脑中的事,将自己的想法具象化,就像是触手可及般,甚至让对话活灵活现。

现在,试着在被你具象化的处境中,找出各方面的关联性。去观察某个人、事、物是如何影响其他人、事、物的。

开始进行自由联想,在记忆的素材间进行自由的移动,并据其联想起更为重要的事物。接着,试着进行理性的回顾,也就是通过控制或逻辑关联,从过去的经验中找寻可用的指引。

将所有的素材组织成一个群组,并将其系统化。

实验性地将某些结论公式化,并进行比较。这么做能帮助我们找到答案。

除此之外,最重要的就是不要让自己错误地认为,未来再也不会遇上任何问题。我们必须培养出更优秀的自己,随时准备好面对明天的问题。

● KEEP IN MIND

永远不要任由一件事整天困扰着你,却不让自己试着做任何改变。

48 轻松地活着

> 练习如何处理问题,能让我们变得更睿智。
> ——清晰思维的极简练习

在面对一切问题时,有一个非常基本的原则经常为众人所忽视:**在我们下定决心以行动来扭转局势之前,不要花太多时间漫无目的地去想问题**。这是医生治疗疾病、工程师解决机械故障的方式。这一行为的目的,是告诉我们应当采取最直截了当的行动,如叫救护车、拿药、给予行动上的帮助或支持,而不是让事件陷入混乱。

在秉持这一重要原则后,客观科学精神则告诉我们下一步应该是去接受事实,并保持自己对这件事的客观态度。我们之所以喜欢看电影、阅读小说与冒险故事、如痴如醉地盯着旅行纪录片,就是因为我们想看别人是如何渡过难关的。

永远不要在不留退路的情况下去做决定,也绝对不要在非必要的时候选择接受次要的替代方案。然而,你确实可以将这些替代方案都列出来,随时准备好,就如同我们存在银行中的存款一样。

练习如何处理问题,能让我们变得更睿智;通过面对问题而不是转身就逃,则能帮助我们学会处理危机。喋喋不休地讲着自己的牢骚,不可能让我们或其他人得到需要的帮助。**坚定不移的决心、苦干实干的双手和紧闭的嘴,才能缔造奇迹**。请思考、设计出一连串的行动,再针对这些行动进行分析,细细审视这些行为。只要你能先找出这些行为的弱点，别人就少了挑毛病的机会。

这让我想起了自己的**九柱球（ninepin）技巧**。每当我想要说服他人解决问题时，我就会要求对方在脑中先想出九种可行方法，再用批评来分别给予这九个方法"撞击"（就跟我们用保龄球撞倒球瓶的方式很像）。经历这个过程后，人们往往更愿意相信自己确实拥有解决问题的能力。而我会选择在经历最猛烈的撞击后依旧屹立不摇的那个方法。通过此过程，我发现许多乍看之下不怎么出色的方法，最后反而走得最远，而这也让我解决了更多问题。

多数事实的真相就如同天空，尽管笼罩着整个地貌局势，却也不会撼动大山一分。在解决问题方面，有一个看似微不足道的实践智慧，其效果却远胜于所有伟大的哲思。面对问题时，我们应该务实地问自己："哪里错了？为什么会发生这样的事？我们该如何修正？"这就是有条不紊的智慧。

"我何时该动手？该从何处下手？谁能给予我帮助？"则属于基本范畴。只有当我们知道自己想要什么并搭建起一条通往目的地的阶梯时，我们才有可能达成目的。我们必须尽快找出自己的目标。在任意时机点下，我们所能把握的事物，都会视我们在不断改变的环境中能拿出多少的专注力、洞察力、技巧和决心而定。

最重要的不是学会少数几种有效的方法，而是培养出一套有条不紊的思维习惯。举例来说，你想要追求满足？那就制作一张衡量表来协助自己达成目的。

满足／烦躁衡量表

在所有情况里，总有某些事物能带给我们满足，也总有某些事物总让我们烦躁。你对这些事物的反应是非常主观且自然的。我们所喜欢的别人不一定喜欢，这是对方的自由。在多数情况下，我们都能找出足够喜欢或讨厌的事物。请搜寻并挑出让你获得满足的事物，并试着去强化它。尽量避开或舍弃那些会使你烦躁的事物。不要让这些事物毁掉你的快乐。你或许很享受独处，但你的伴侣更喜欢接触人群，那么你应该允许伴侣参加社交活动，但同时告诉对方，不要让其他人打扰到你的独处时光。

熟能生巧

我们越常做一件事，就越容易把它做好。因此，当我们频繁地去接触问题中使我们感到胆怯的事物时，我们就会渐渐地不再怕这些事。

请从那些让你感到不安的事物中，挑选出你认为较容易处理的几个，并频繁地去接触它们。维持这样的行为，我们就能循序渐进地克服它们。

破除迷思

绝大多数人的思维之所以存在如此多愚昧的观点，主要是因为人们在未经思考的情况下，就不自觉地接受了他人的影响。人们总是见猎心喜地将一大堆毫无道理的建议灌输到那些面临问题的人的脑袋里。能摆脱那些让人郁闷的事自然是令人无比欣喜的，因此，每当有人询问我们的意见时，我们总是毫不犹豫地趁机将自己的不快发泄出来。

为了让我们远离这样的心理荼毒，请将你针对情况进行慎重考虑后所得到的结果，和其他人的胡说八道彻底区隔开来。

领悟

让我们头痛的大半原因，主要是出自混乱、固执或愚昧的思维。缺乏务实基础的理论，是让如此多人被问题纠缠不清的主因。

请经常停下来思考，你正朝着哪个方向前行，正在做些什么，又是谁总让你表现得像个横冲直撞的大猩猩。仔细思考是一件简单却极为重

The Art of
SELFISHNESS

要的行为,更是维持聪明人生的必要习惯。

苏格拉底法

这位古希腊哲学家很懂得如何让人心烦意乱,但也不至于像那些说来拜访你,接着就从大早一直赖到深夜的人那样使你暴躁。苏格拉底总是不断地挖掘别人的想法,试图看清别人脑袋里的思维。而对于自己的想法,他也采用了同样的手段。

在我们认为自己确实动过脑去思考的事情之中,有近30%的事情确实如我们所思考的那样;其余的70%,则不过是情绪偏见影响下的产物。我们的想法与欲望,很懂得如何跟我们玩捉迷藏。因此,我们必须克服内在因素,否则只会让自己和其他人被愚弄。

动笔写下

如果你刚好是个天才,那么这个建议对你来说可能没什么用。但假如你刚好不是百年难得一见的绝顶天才,那么你最好不要妄想光凭脑袋就能把问题想个透彻,而且——尤其不要在晚上十点后这么做。

以简略的文字将你所想到的事实全部写下,只需要约略记录即可。接着,依照某种顺序将这些事实进行排列,举例来说:将重要的事实放在一边,不重要的事实放到另一边。进行完这个步骤后,请用自己想象中的五个非常不同的人思考这个问题的方式,重新陈述问题。在选择这五个人时,请至少包括一名你讨厌或立场与你不同的人。最后,再以这样崭新的心态和写下来的白纸黑字,去解决问题。

搜集事实

多数时候,我们之所以没能成功地处理问题,往往是因为我们对眼前事实的掌握不够充分。请养成下列的习惯:列出所有已知事实,列出你无法肯定的事实，再思考该如何搜集所需事实的方法。让搜集所需信息成为你行动的第一步。当你已经掌握了60%的所需信息时，请着手去做。剩余的信息将会渐渐浮上台面。

掌握更多事实

有一件事总让人感到非常困惑：在美国，很少有人记得我们拥有图书馆这样的公共设施，一个收藏了各式各样百科全书、参考数据、字典、教科书与种种能帮助我们拟定"务实思维"的地方。

许多年前，有三个男人决定寻找一个适合居住的地点。第一名男子搭上第一班火车，去了目的地一趟。接着他回来了，无功而返，花了285美元的旅费。第二名男子利用整个夏日的时间，到不同的州进行考察，但这么做却让他更迷惘，且拿不定主意。第三名男子去了图书馆，阅读了地理书籍、百科全书，研究了地图、气候简报和农业形态。他寄信到该州，询问了更详尽的信息。于是短短几天内，第三名男子得知了其他人花了大把时间也未能得知的事实。附带一提，那封信花了他1.87美元的邮费。我之所以知道，是因为我就是那第三名男子。

自由联想

每个人思维的最美妙之处，就在于这些思想所具备的启发性。尽管我们个人的智慧或许称不上出类拔萃，但各式各样想法的集合，确实能激荡出不容小觑的火花。

在面对问题时，最常犯下的四个错误为：

1. 冲动、不加思索的行动。
2. 全凭直觉、未经证实的"预感"。
3. 将合乎逻辑但不够充分的想法付诸实践。
4. 什么都不敢做。

接纳自己的直观印象,将所有"预感"摊在桌面上,并开始仔细思考——冷静且合乎逻辑地。这才称得上理智的沉思。

配对比较

人们经常犯的错,就是以混乱而毫无章法的思绪去思考问题。举例来说,一名女孩试着思考在所有异性朋友中,她最喜欢谁以及为什么。那么,她是否进行了系统性地比较,像是将亨利的想象力与约翰的创造力进行比照呢?她没有。她只是茫然地想着他们。

当我们深陷在问题之中,且不知道该朝哪个方向前行时,请将那些相似的行为动机列下来,进行比较。接着,再计算自己**支持**和**不支持**的想法,最终做出决定。

舍弃的绝妙艺术

有太多时候,我们在人生的旅途上,背负着过重的行囊,紧紧地拖着那些我们不再需要的事物。当问题发生时,请将它们减少到可以满足自己最低需求的程度。想想哪些价值观是可以抛弃的,哪些努力已经不必要了。我曾经认识一名女子,她认为未婚导致自己非常不快乐。但在她放下了认为自己是一名"大龄剩女"的想法,以及了解到某些已婚朋友所面临的难处后,她的困扰消失了。

活性因子

在每个情况下,总有一件事、一个人、一个处境是导致问题产生并持续扩大的源头。这就是活性因子,也是我们必须找出来的最重要事物。只要我们能将它找出来并对症下药,我们就能掌控问题。

战争的活性因子,往往是经济上的贪婪。倘若我们能找出此点并以坚定不移的决心去处理，世界上就不会再有战争发生了。问题不断滋生、蔓延的原因，并不是因为人们心中的恨，而是我们的愚昧与懒惰。

思维计划的七步骤

无论思考什么样的问题，我们都应该依照一套极为重要的步骤：

第一，衡量并搜集该处境下的影响或事实。

第二，找出导致这一情况的原因或力量。

第三，试着找出特定问题下的原则和共通基础。

第四，记录并评估同样身处在这一困境下的人们的情况。

第五，列出与此问题有关的地点和事件。

第六，标明困境、人或事所带来的最重要的影响。

第七，决定采取行动的时间点。

调适的重要性

这个世界上不存在完美的答案、百分之百的解，也不可能不劳而获、没有邪恶只有善，更不可能百战百胜。我们不可能总是对，因为人无完人。我们只能尽自己之力做到最好，也就是根据对、错来调整。有些时候，我们必须刻意执行一些小错误，以避开更大的错；或选择用小小的恶来达成更大的善。哄骗自己的父亲好嫁给自己所爱之人，绝对比因为不敢欺瞒而选择不嫁给对方来得好。

从生活中获得更多

许多人会以妥协的角度去思考自己的人生或困境，然而，这么做是无法为我们带来成功的。请将你的所有目标写在一张纸上，再将你受到的限制写在另外一张纸上。不要对这两张清单上的内容进行修改，确保清单内容要尽可能详细。接着，再用第三张纸列下平衡点：在衡量过自己的不利条件后，你认为自己在这一季之内可以达成几项目标，并在每一年都去提升自己的平衡点。

灵活地借用

许多时候，用我们的手、脚、力气和言语来执行某些事，是相当不必要的举动。现代科技告诉我们，我们可以利用一些工具来帮助自己。你不会用手去耙花园里的土，你可以使用犁。因此，请使用类似的道具来帮助自己达成某些需求。

很久以前，一名富翁的侄子决定搬到美国中西部定居。"时不时地就借点钱，并在债务到期前一天还清。"临行前，他的叔叔这样建议他。"为什么？"侄子开口问。"让别人知道你信用良好。如果你不这么做，别人根本不会察觉到这件事。"

"仿佛"的哲学

我们的行为举止，会影响我们的感受及我们的思维。我们会为自己的行为找理由，也会为了计划的实施而下定决心。倘若你的行为举止像个傻子，那么你很快就会觉得自己真是个傻子。冷静的态度和坚定的行为同样具有感染力，你会以沉着的态度去思考，并以无比的勇气去行动。请模拟一个人格特质方案，用来描述当你遇到困难时会怎么样去行动。接着遵守这个方案，并且记得：当你"假装"自己真的**想要**某些事物时，这些事物就很有可能**成真**。哈维洛克·艾利斯在《舞蹈人生》（*The Dance of Life*）中指出，这是人类的幻想为他们的人生所带来的真实意义。这也是汉斯·费英格在他那本伟大的《仿佛哲学》（*The Philosophy of "As If"*）中所表达的。

让愤怒击败恐惧

当恐惧让正在处理问题的你感到心烦意乱时,请转而去寻找问题中让你感到愤怒的点。让自己被愤怒笼罩,直到你的怒火开始熊熊燃烧为止。或者,试着去想一件麻烦事,释放一切的好奇。如此一来,恐惧就会被消灭。我认识一名在感情上被一个差劲男子伤害的女性。而在她好奇地挖掘这个男子于本质上到底是怎么样的一个人之后,这名男子对她的吸引力突然消失了。强势的情绪往往会压过另一个较不强势的情绪。

改变的力量

这个世界上的所有人、事、物,都是会变动的。很有可能在20年后,你的丈夫就没那么愚钝了。他变成熟了——逐渐地。此刻,我们必须解决的问题并不是你到底能不能容忍他,而是他有没有进步的可能。不要将对方和你心目中理想的样子进行比较,这么做只会使你抓狂。观察对方改变的速度,这才是我们评估的基础。

钻石与泥土

在南非,人们不停地挖着钻石。为了挖出那颗不比手指甲更大的小石头,成千上万顷的土地被细细翻开来。矿工聚精会神地摸索着钻石,而不是盯着泥土发愁。为了得到那颗珍贵的宝石,他们愿意挖开覆盖其上的一切泥土。然而,在日常生活中,人们时常忘了这样的原则,并因为尘世中泥土远比钻石来得多的事实,陷入悲伤。当麻烦来临时,不要为那些负面事实而胆怯,而应该正面以对,并去挖掘问题。问题的真相是如此珍贵,就算要翻开千斤的泥土,我们也甘愿。

善用组合

当你面对问题却毫无头绪时,不妨根据问题的每一个方面,刻意想些与其相反的事物。接着,将相反的事物结合在一起,看看能激荡出什么样的火花。这个方法总能唤醒我们的智慧，举例来说，我曾经想要当一名肖像画画家，但我也想要能填饱肚子。于是，我结合了"香肠""鞋罩""不重要的事""阁楼""抱怨"和"画肖像画"这些词语。结合的结果让我感到痛心。我立刻决定自己再也不要为了替香肠制造商的太太画肖像画，而戴着鞋套浪费时间，并去做琐碎而不重要的事了，即便对方愿意在我作画时听我抱怨。

永远不要停止测试

人类这几个世纪以来的重大发展，全都有赖于实验。你我都明白此点，却总会忽略它。面对问题时，我们鲜少会想到应该要拿出睿智、安全且慎重的实验精神，反而任由自己陷入烦躁与恼怒之中。

持续地测试，一点一滴地改变情况。试试看这么做，这件事或其他人会给你什么样的响应。看着我们一块块地摸索、拼凑问题的全貌，并见证事情的改善，是一件让人感到非常快乐的事。

寻求帮助

我认识一名股票经纪人，他相当有钱，但他的钱并不是从工作中获得的，而是通过一个非常简单的方法。该方法只需要一些邮票花费、一些信纸和信封，还有一点儿时间。这名男子每天都会花些时间寄出几封信，请求不同的人在不同的事物上给予他些许帮助。那些收到信件的人，并非总是他所认识的，也并非每个收件人都知道他，但得到的回复率却非常高，高到就好像总有人愿意为他做些事情般（而他也会顺便帮对方）。每日五封信，是他为自己定下的额度。我曾经收到两封信，而他请求的内容是如此简单且合情合理，所以我都答应了。后来，我认识了他，于是我问他怎么会想到要写信给我。他向我解释了自己的小秘密，而现在——在他的允许之下——我将这个秘诀传授给你。显然，他的方法确实奏效,因为在我的帮助下他出了一本书,还登上了畅销书榜。而别人也以其他方式,在帮助着他。他的方法之所以能发挥效果,就是因为这种帮助并非单向的,他也总是准备好帮助他人——当你需要他时。

● KEEP IN MIND

请经常停下来思考,你正朝着哪个方向前行,正在做些什么,又是谁总让你表现得像个横冲直撞的大猩猩。

49 新权利法案

> 唯有自由的意志,才能成就自由的实现。
>
> ——良性自私与邪恶自私

当疯狂已经无所不在地包围着我们时,我们必须替自己拟定一套新的保护措施。请抬头看看你周围的世界。在我们的家里,某些成员强烈地反对你的生活态度。举例来说,你认为对于一个懂得自重的人而言,某些基本人权是绝对不能放弃的。但你的姑姑或某些亲戚却完全无视你对个人隐私的要求,更屡屡践踏你的人格。

又或者,你很不满意年轻人所推崇的自由。你希望自己的孩子能懂得尊敬长辈,然而他们却做不到。倘若你是一位作风老派的人,你或许会认为自己有权在任何时刻走进女儿的房间,无论她的年纪有多大。她还是"孩子"啊,不是吗?你这样说。如今的家庭生活就像是一道大锅菜,炖煮着充满了矛盾的行为权利与家庭义务。

同样的疯狂行为也出现在政治台面上。尽管美国的情况不如欧洲国家那样复杂,但各式各样的自由浪潮仍旧恣意蔓延。贸易工会成员变得如同过去的企业家一样,充满侵略性。

少数者——如我们这般的可怜少数——恳求一个更为理智的解决之道,一个介于无情暴动和僵化制度间的中庸之道,极端只会招致毁灭。如果我们无法实现家庭内的自由,那么一个国家的自由便是不可求的。唯有自由的意志,才能成就自由的实现。家庭内的法西斯主义将所有人的权益置于一人之下——家庭中那个最贪婪且残酷无情者，并纵容个体掠夺群体。

鲜少被实践却确实存在的民主（尽管在家庭中更为罕见），能在基于整体权益的情况下，赋予个体权利；在不破坏社会规约的前提下，满足个人需求。

这是来自我们祖辈的信念。现代科学研究者也同样支持这样的理念。生物学家、人类学家、社会学家、心理学家知道并理解每个人的健康与活力，不仅对于自身是重要的，对于全体社会——由无数个"自我"所组成的团体而言，也同等重要。

一旦缺乏对于基本人权的理解，我们将很难带着决心与活力去应付日常生活中的困难，更无法深刻地去理解，为什么具建设性的自私才是达成更睿智无私的必要前提，为什么个人牺牲（指的就是你的情况）不仅仅会伤害到自己的幸福，更会损害整个社会的福祉。

在祖先相信干净即为邪恶的那个时代里，使用药物变成了一种挑战，挑衅着那个根植于当代道德观的无私之举。第一位医生被关进了黑暗冰冷的地牢，做着自己的工作。现在，人们正在为着心智的健全与权益而奋斗。我们确信人类生物性权利是不可侵犯的；我们也知道，个人的本能与生生不息的欲望是构成生命所必需的；我们还知道每个人拥有绝对的权利，去选择自己的个性。

现代科学界定的良性自私

- 一种生物性冲动——为了延续后代。
- 为维护自身所做出来的自发性行为。
- 执行本能行为的功能性过程。
- 展现个人力量的本能反应。
- 保护人格健全性的情绪推力。
- 实践人生使命的推力。

- 强化本能的理智行为。
- 凸显心智倾向的潜意识反应。
- 强调个人差异的人类冲动。
- 防止个体被整体吞噬的认同意识。

就日常生活而言，此清单明确指出我们拥有独处的权利：可给予我们庇护的房间、常去之处、休养场所或露营地等，可以让我们的人格不受任何委屈的地方。食物、衣物和居所是人最基本的权利，为满足此目标，社会举措与保护他人是必要的，唯有这么做，自由、平等、博爱才能成为奠定互助精神的关键因素，让我们获得安全、安定、快乐与公平。

因此，我们应努力去维护人与人之间的爱、性与自由，用"稳健"的个人来组成家庭堡垒，这必须是我们每个人的核心思维。

以下为**良性自私**的范例与内容：

- 确信对自己有益的事物，最终不会伤害到他人。
- 确信自己的义务就是尽力而为。
- 给予自己时间去思考、决定和策划。
- 保护并培养自己与生俱来的能力。
- 永远追随自己所爱之事物。
- 永远不要停止成长、发展、进化的脚步。
- 尊重自己的本性，接受自我。
- 保护自我，使其远离一切妥协和污染。
- 爱人如爱己，并明白做到一致的意义。
- 只能因为爱而踏入婚姻，无论这么做可能会伤害到谁。
- 明白自己拥有选择的权利。
- 拒绝接受过时的教条。

- 反抗并忽视所有邪恶的自私。
- 坚定地反抗刻板印象。
- 拒绝接受邪恶无私的迫害。
- 做自己——彻底地、诚实地,且总是如此。

我们需要新的捍卫个人自我的权利,应包含:

- 拒绝因高压而被迫做出某些行为的权利。
- 积极展现个人特质的权利。
- 在社会不会受到伤害的前提下,可无视各种"规约"以展现自我的权利。
- 以我们整体所作所为而不是单一行为来受到评判的权利。
- 个人性格的责任不该被归于自己,而应该被归于祖先的权利。
- "根据自我性格"去成长、去拓展的权利。
- 生活在可(适度)满足个人需求环境下的权利。
- 根据个人体质摄取适当食物的权利。
- 根据个人资质选择工作的权利。
- 休息和休养的权利。
- 快乐的权利:玩耍和重拾个体活力。
- 保有空间的权利:为了呼吸和行动。
- 自由的权利:过自己想尝试的生活。
- 爱和实现性行为的权利。
- 顺从延续后代本能的权利。
- 顺从本能、保护后代的权利。
- 获得庇护、远离自然伤害的权利。
- 让身体获得保护与温暖的权利。
- 尽可能避免伤害与疾病的权利。

The Art of SELFISHNESS

- 为满足饥渴而饮水的权利。
- 改过自新与保有自尊的权利。
- 所有身体机能都应属于自己的权利。
- 根据自身信念去思考与感受的权利。

我们应清楚认知到，所谓的良性自私，并不包含以自我为本位的自私自利行为。在这种新思维脉络下，并不意味着混乱，也不应该去考虑他人的否定。当然，我们不应让自己去容忍他人自我放纵的要求，或当别人无理地要求你牺牲时却因为恐惧而不敢让对方失望；但在实践此种新生活的态度上，也不能存在着任何一丝具侵略性的贪婪。

我们的自私，应以保护和培育自身能力、让自己得以成长茁壮为出发点。同时，必须坚信对我们而言有益的事物，最终也会为他人带来益处。给予自己时间去思考、去决定、去发展。借由尊重自我本能、保护自我不受他人侵犯的手段，去追寻更崇高的目标和更广阔的自我实现。爱人如己，谨记耶稣曾经直截了当地告诉我们的：当爱自己。

追随耶稣的脚步，你就会懂得如何拒绝非理性的过时习俗，摒弃一切对于自私的无视，用坚强的态度去迎战既存的教条，拒绝所有出自邪恶无私的压迫。即便是在亲密关系中，也依然坚定地做自己。

我们也须明白，个人力量的忽视、滥用或否认，会导致我们的性格被弱化，并最终使我们成为生命的掠夺者而不是生命的付出者。因此，我们必须起身抵抗邪恶的无私。

要想克服原始的贪婪、展现出良性自私的举动，我们就必须具备开放的心胸，亦即明白自己有权要求他人考虑自己的性格，正如同他人也有权要求我们去考虑对方般。这样的人拒绝自我放纵，更明白一切具毁灭性的行为都只会招致不幸。

如果我践踏了他人的权益，那么我将提心吊胆地担忧着他人的报复，再也无法摆出若无其事的样子。

此外，比起为了让少数者得以发挥自身能力而纵容并允许其掠夺性的行为，更好的做法或许是让我们错过这些少数者的天赋才能。出于本能，我们总是向外界寻求认同，但为此目的而践踏他人，或为自身利益而剥削他人，都是残忍的行为。

所有的掠夺行为都是邪恶的。美化自私的行为、以追求更好的生活质量之名来掩饰侵略的罪恶，或为了自身的罪去怪罪他人、寻找替罪羔羊，都是再简单不过的事。而此种追逐私利者往往不愿意安于自己应得的；对于自己的每一分付出，他们都会索求着无止境的回报。倘若他们帮你一次，就会认为自己余生都可以拿此做要挟。

当贪婪占了上风，人的行为就会成为占有欲、嫉妒、控制欲或虚荣的产物，而不是出于有益的自私。自我主义当道，他的欲望将永远都无法满足，而他的个人欲望也总是必须置于最优先的地位。他随心所欲，甚至希望每个人都能遂他的意。他可以粗心大意，而你却必须小心翼翼。一旦遭遇反抗，无生命的物体就会成为他出气的对象。当球漏掉时，球杆就会被他折断，任何不顺他意的事物都会成为他发泄的对象。而这些以腐烂的屈从为食的人们，根本不愿意费力去赢得自己想要的，他们只想要别人的屈服。

贪婪总是无比狡猾地隐匿自己的行踪，没有人能比贪婪的人更懂得如何掩饰目的，而这些人也往往老将关爱和美德挂在嘴边。

邪恶自私的例子：

- 一面高喊着"自我牺牲"，一面却展现出占有欲。
- 永无止境地谈着"否定自我"。
- 总是和别人讲着该怎样做才是"对所有人都好"。
- 将别人的义务转嫁到你身上。
- 企图透过别人的生命而活。
- 索求的比给予的多。

The Art of SELFISHNESS

- 嘴里喊着民主，却从不身体力行。
- 深信阶级地位，以及纵情于铺张浪费的权利。
- 为了获得特殊恩典而向上帝祷告。
- 为了满足个人虚荣而企图赢得竞赛。
- 在衡量事情上，只考虑自己的自尊而不是真相。
- 不接受互助的精神。
- 不求付出就希望获得回报。
- 用侵略的行为来取代互助合作。
- 出于自我保护的想法而拒绝作出善行。
- 出于对金钱而不是对社会有无益处的考虑，而从事一份工作。
- 骄傲自满。
- 拒绝接受宇宙法则，浸淫在自私自利之中。

将邪恶自私与善良自私做比较，其结果则更具启发意义。

诱发邪恶自私的推力

- 恐惧、愤怒、反感
- 性欲、征服欲
- 双亲的掌控欲
- 占有、逃避
- 排斥、好战
- 一意孤行、骄傲
- 使人痛苦的自我贬低
- 嫉妒、恨、羡慕、贪婪
- 复仇、支配
- 虚荣、狭隘
- 自我主义、怀恨在心

- 占有欲、渴求权力
- 无政府主义和独裁

诱发良性自私的推力
- 谨慎、勇气
- 欣喜、惊奇
- 温柔、培育
- 好奇心、基于爱的性行为
- 合群
- 配合
- 热情
- 具建设性、善用
- 玩耍、尊重、关爱
- 自我防卫、荣誉
- 尊重、包容
- 独立、互助
- 民主和自由

我们必须明白的是，在当代思维教授我们的新观点中，一切苦难都是为了明确一个目的，这一目的不能包含任何的贪婪、嫉妒、羡慕、报复、恨意和口是心非。唯有当我们学会如何在为良善的自私与互助去舍弃邪恶的自我满足与虚伪的无私后，我们才能不再受痛苦折磨。

意识的拓展将是推动进化的最佳手段，我们不应该去克制原始本能，而应借由成长来突破。当我们看穿敌意与对立的愚蠢后，我们自然会舍弃这些行为。急躁与恶意消失了。当心灵上的觉醒取代了往日的任性时，傲慢与顽固自然也会为之改变。

因此，睿智的人不会做出强迫他人的事，也不会将掠夺的本性扭曲成善行。他们明白这需要通过成长来克服。人们也唯有通过成长，才能脱离野蛮。正因如此，说教没有任何意义。在与贪婪者交往时必须谨慎。倘若你无法脱离对方身处的环境，请考虑自己必要的需求。将你的目标转化成坚定的信念，想出至少六种不屈从的方法。接着，无须做更多争辩，冷静、坚定且不屈不挠地实践自己的目标。**不要浪费时间和自私自利者解释你的目标。**

当自私成为人类本性中不同面向冲突下的产物时，沉默或许是我们最好的策略。我们本性中的某些部分期待自己是良善的，却也有某些部分总是充满恶意的淘气。某些时候，恶魔会占上风，让我们那陌生而又悲伤的自我只能若有所思地凝视着月亮，为自己的狂怒而充满悔恨。

只有当我们真正明了何谓宽宏大量，展现自己性格中良善一面的行为时，人生的意义才能彰显。有太多人为了掩饰贪婪，喋喋不休地将善行挂在嘴边，行善的目的也只是做给别人看。

我们都认识那种对于生活规划一窍不通、总是为着别人而奔波的人。这些人看似很好，行事也总是如此善良。但是请等一等，或迟或缓，你或者他人，总要为此人的行为付出代价。未来的他只会一无所有，因而需要从你身上获取资源。

邪恶无私的例子与本质：

- 出于虚荣心而去做好事。
- 监视并监督每个人的道德行为。
- 帮助弱者，却又同时以剥削弱者为生。
- 为了追求归属感而加入人道主义的行列。
- 利用不义之财作为成功的垫脚石。
- 为了后代的舒适而践踏社会福祉。
- 以贪婪的父爱和母爱来满足自我。

- 不让他人亲身经历自己行为所导致的结果。
- 不让他人经历必要的痛苦以换得成长。
- 支持自己并不真心相信的信仰或组织。
- 为了别人的舒适或享受而过度工作,甚至送命。
- 为了取悦他人而执行"违背生命"的行为。
- 否定自我,并让自己沦为彻头彻尾的累赘。
- 用自以为是的崇高来压迫他人。
- 坚持任何有违社会利益的习俗、信念或教条。
- 出于社交宣传的目的而去崇敬上帝。

观察周遭许多无私的人,你会发现有些人的无私不过是一种肤浅的行为,为着自身内心的空虚而不假思索地接受他人的教条。他们的无私不过是对善意的嘲讽,对美德的忽视。他们以神圣为名,束缚自己的冲动,压抑体内的欲望,阻碍自身心智的发展。你认为生命应充满活力的态度,使他们震惊。我们谈论的活力、我们对大自然力量的崇敬,都让他们害怕。他们倾尽全力,想要约束我们、限制我们,试图消灭我们的热情。

最糟糕的无私,往往出自对自我的恐惧。奇怪的是,尽管长久以来,这种态度总是导致人类的疾病与死亡,人类至今却依旧未能看清。自然是如此清楚地告知我们万物运作的原则,任何抗拒自身力量的生物,都会因此患病。唯有顺应自身的创造力、明白该如何发挥以及在何处发挥,生命才能成功。无论在任何时刻下,打压、禁止或限制都是无用的手段。

正因为此,受到压抑的人格只会走向失败,而这样的无私者最终也只会沦为他人的负担。那些自我牺牲的人生故事显示,邪恶的无私是如何导致了所有人——包括其自身的牺牲。他病了,必须得到照顾。他失败了,必须有人替他分担。他变成了生命的毁灭者。

相反，培养并开拓自己的人格特质、让自己拥有充满活力的魅力，则不需要依靠剥夺他人来达成。通过满足依赖者的行动，他们得以培育自身的能力。他们利用自身能力，获得促进成长与安定的工具，而不是选择牺牲自我。提倡过时的无私意识者，总是否定这样英雄式的行为。他们寻求的是夸耀型的殉道行为、那种规模大到足以满足内心虚荣的事。对于其他琐事、小善行或日常义务，他们往往不屑一顾。一旦他们做了，他们也绝对会叨叨念念一辈子。

有别于此种不恰当的自我主义，下面为**良性自私**的简单介绍：

- 永远只做对生命有积极意义的事。
- 永远都做到推己及人。
- 在真理面前放下自我。
- 遵循积极的不抵抗行为，以良善征服恶。
- 永远不要为了家人去损害人类最大的利益。
- 面对日常生活，拿出最完整且充满创造力的自己。
- 奉献自己，致力于取得工作上的胜利。
- 面对社会服务，要毫不犹豫地去执行。
- 遵循并促进合作精神的实现。
- 坚守并遵循互助的原则。
- 既愿意为他人而死，也应该愿意为他人而生。
- 永远不要依赖非自身劳力所换取的个人收入而活。
- 拒绝接受阶级、身份和地位所赋予你的特权。
- 将民主作为生活的基本，并努力宣扬它。
- 愿尊重隐私、自由、平等和思想自由，即便你的对象是孩子。
- 尊重每个人的选择权。

我们要拒绝一切的自我妥协，且必须同时做到拒绝冷酷无情的自我满足。缺乏合作,人类就无法享有权利;缺乏健全的人格,互助精神就难以发挥;缺乏此种爱与智慧的结合,所有的成就都无法实现。

● KEEP IN MIND

做自己——彻底地、诚实地,并总是如此。给予自己时间去思考、去决定、去发展,追寻更崇高的目标和更广阔的自我实现。

50　生命中的一席之地

> 只要我们日复一日、年复一年地坚持，我们所追寻的事物就会循着我们的生活方式浮现出来。
>
> ——让生命拥有丰富且多彩的活力

人生有可能从40岁才开始，这视我们如何定义人生。许多时候，死亡也是从这里开始的。我们假设你是一名刚跨过"致命年龄"（那个许多我们祖父母辈不得不穿上丧服的年纪）的女性；你的孩子已经结婚并搬到远方定居，你的先生已经过世并留下了一笔保险金给你。你过去的经历并未让你培养出什么能力，你的勇气已经枯竭，你的反应开始变慢，你还必须面对财务上的不确定性。

生命就是这样开始冷漠的吗？倘若不是，对于高龄者而言，他们又该如何面对未来？答案就在这三个行为中：

1. 回顾
2. 反省
3. 展望

在你人生中最美好的时光里，你最关心哪些事物？你喜爱美丽的大自然吗？那么现在就去吧。运动、锻炼，为你的身体灌注年轻的活力。

你喜欢艺术、音乐或机械？你热爱旅行？追随自己的目标，即便这意味着你只能在地图集上探索世界，或利用口琴吹奏歌曲。复苏是生命的法则。

根据自己对往日的回顾来分析现在。深入自己的内心。哪些渴望是一直存在的？勇敢追寻这些渴望。每一天都消灭一两件让你不悦的事物。找到两三件能让你满足的事情。坚定地朝着更快乐的生活方式前进。

最后，规划未来。在你老年的时候，你希望能享有哪些乐趣？成熟的果实往往比青涩的果实更为甜美、多汁且饱满，人生也是如此。只要你愿意，往后的日子将是人生中最甜美的日子。

发生在梅迪福尔德太太身上的故事，正是许多人所经历的典型转变。一切来得很突然。在返回加州的旅途上，她为了拜访苏珊姑姑，进行了短暂的停留。苏珊和自己的女儿佩蒂住在一起，是一位典型的寄人篱下却又爱抱怨者。她没有自己的人生可言，只能依靠孩子们不甘愿地分给自己的生命而活。56岁的苏珊，已经成了一个眼中满是绝望且无事可做的老太太了。

"我绝对不要成为只能赖着他人而活的老人，"梅迪福尔德太太暗自对自己发誓，"绝对、绝对、绝对！从现在开始，我的朋友、兴趣、活动只会越来越多。我会活得多彩多姿，丰富到我根本不会畏惧孤独。"

老年时期的生活，会依我们青年与中年时期的生活而定。只有那些能让人生每一刻都开花结果的人，才能收获人生的历练。他或许会捧着一朵花，仔细端详花瓣，又或者将一只撒娇的猫轻放在腿上。倘若他无法明白现实中的逆境能为自己带来什么益处，那么他也无法理解命运女神之吻或英雄成就所带来的狂喜。

倘若我们无法彻底享受并超脱那些超凡之事，那么最伟大的荣耀与最珍贵的爱情也只会沦为束缚我们的监狱。倘若我们无法做到在任何情况下都懂得用尽全力、追求人生之乐，那么我们便不可能通过无趣的日常工作或死气沉沉的家来获得幸福。

The Art of
SELFISHNESS

我们必须懂得如何在不幸的际遇下,获得足以茁壮心灵、使其得以战胜人生挑战的养分,唯有这么做,才能帮助我们摆脱错误的工作,或放下令人疲惫的婚姻关系。阴郁的反抗或怯懦的臣服,无法带给我们任何满足。愤世嫉俗者和逆来顺受者,只能为命运所奴役。

倘若当前的问题实在没有实时的解决方法,请继续寻找。人生不可能一步到位。我们必须不断地进步,并知道"我唯一能做的就是容忍"绝非人生困境的答案。那些坚信妥协为解药者,才是最不幸的人。倘若我只是安详地将手放在胸前,等着他人来解救我远离困境,那么我只能一辈子无止境地等下去。

麻烦总是缠着那些死气沉沉的人生不放。只要我们深信一切的灾难都是出自上帝之手,那么这些灾难就会真的成为上帝的旨意。只有动起双手的人,才能免于遭受灾难。

该如何面对如今社会施加于人们身上的压力?答案非常简单:勇敢。敢于在不断流淌的生命中努力地活着;唯有如此,才是真正地活。为自己的容忍设下极限,并将此作为自己的调适极限、人格的边界。无论对象为何物,"誓死坚守(they shall not pass)",绝不允许越界。无论是什么样的试炼、义务或重担,只要你认为这些事物已经企图侵犯你的灵魂,就请毫不犹豫地抛弃它们。

让自己拥有看着天空中的云朵、浸淫在音乐中、发现机械之妙趣或和志趣相投者一起欢笑的时光。只与那些能使你灵魂茁壮者相交,不要死于灵魂的枯萎。如果让自己被日常琐事和义务所消磨、仅能通过偶尔的纵情声色来获得舒缓,那么这样也只是如行尸走肉般活着。有太多的美国人沉浸在工作与逃避中:用工作来维持生活,用逃避来忘却一切;喝着酒或在夜晚中纵情声色,以获得短暂的抽离。

对所有人而言,我们最重要的需求莫过于找出内在的目标——埋藏在内心深处的信念或热诚,而这样的信念与热诚将成为我们意识中的庇护所、让我们得以重拾力量的圣殿。

在每一位伟大的画家、作曲家或诗人心底，都有这样一个神圣的场所，科学家和工程师也不例外。它们存在于人的心底深处，为生活带来新的方式，给予人们意义。倘若我们的意识能追随着这样的信念，并从内心深处获得为更棒且更聪明生活方式而奋斗的力量，在面对生活的困境时，我们就懂得如何让自己恢复生气、重塑生活并找出继续坚持下去的力量。这正是许多人所缺乏的关键醒悟。

然而，若我们不懂得寻找自我，我们便不可能获得这层突破；更不可能在人生的旅途上保有一处心灵的避难所。无论你必须做出多少调适，永远不要放弃自己对于存在的内在判断。在其中，就埋藏着做出调适的力量。只要我们日复一日、年复一年地坚持，我们所追寻的事物就会循着我们的生活方式浮现出来。

调适必须从自身做起。如我们能勇敢且坚信不疑地说出"永远不要让自我妥协"，那么从这一刻起，力量将如同海克利斯在母亲子宫内成长茁壮般，源源不绝地涌现。当我们愿意将所有的自我满足、羡慕、无情而不成熟的情感、嫉妒和贪婪放到一旁，用科学精神去追求自私的艺术，并视此举为对大自然的顺从时，这股力量将永远存在我们体内。

在探索自我认同上，此种充满创造力的顿悟能为我们带来奇迹。随之而来的，将是基本性格力量的复苏，那种足以让我们打破自我主义的禁锢并获得源源不绝生命力的推力。而这激励人心的一刻，是所有经历过的人都无法忘怀的。

许多人用改变宗教信仰来譬喻这样的时刻。对于第一次经历这样时刻的人而言，最显著的感受就是他们终于看清了生命的本质，也终于能重拾起自己意识的核心。他们的人生或自我，再也不会被分离。他们再也不会以旧时的价值观去思考或行动，而是透过崭新的精神意识去看待万物。生命将如同一场冒险，在他们的眼前展开，而他们已无所畏惧。

The Art of SELFISHNESS

● KEEP IN MIND

成熟的果实往往比青涩的果实更为甜美、多汁且饱满,人生也是如此。只要你愿意,往后的日子将是人生中最甜美的日子。